An
die Laien aller christlichen Kirchen
des
deutschen Volkes.

Berlin.
Druck und Verlag von Georg Reimer.
1869.

Vorwort.

Die Klagen über den religiösen Indifferentismus unserer Zeit klingen wie Hülfe- und Weherufe aus der katholischen, wie aus der protestantischen Kirche immer lauter und allgemeiner in die Herzen und Gewissen der Menschen.

Die Kirchen stehen leer. Aus dem Hause ist das Gebet verschwunden; verbannt sind die religiösen Gespräche aus der geselligen Unterhaltung; dem Vater, der der rechte Priester der Familie sein sollte, fehlt die Zuversicht des Glaubens: anstatt seine Kinder in den Tempel des Lebens einzuführen, überläßt er es der Mutter, dem Lehrer und der Schule des Lebens, dem Kinde den rechten Weg zum ewigen Leben zu zeigen.

Die Mutter sieht es anfangs mit Schrecken, daß das Gemüth des Sohnes und das Herz der Tochter sich für die Religion nicht recht erwärmen wollen; aber sie weiß sich nicht zu rathen und zu helfen.

Die Lehrer können es täglich erfahren, daß ihre Schüler an allen Lehren der Kirche, welche ihnen selbst in ihrer Jugend noch verständlich und theuer waren, mit einer Sorglosigkeit und einer Leichtfertigkeit zweifeln, welche kaum noch einer Steigerung fähig ist.

Und die Schule des Lebens nimmt endlich vollends hinweg, was die Erziehung und die religiöse Armuth unserer Zeit von kirchlichem Sinn noch übrig gelassen haben.

Staat und Schule sagen der Kirche Lebewohl.

Alles macht sich von ihr los. Fürwahr es könnte wohl einem religiösen Gemüthe um die Kirche angst und bange werden.

Dennoch will ich nicht klagen. Was ich sehe, das scheint mir mehr kirchlicher als religiöser Indifferentismus zu sein.

Es giebt Zeiten, wo der Indifferentismus eine kirchengeschichtliche Nothwendigkeit wird. Er ist dann das Gegengift gegen den Fanatismus, die Brachezeit für den Acker Gottes.

Wenn die Kirche nicht mehr im Stande ist, das religiöse Bedürfniß der Menschen zu befriedigen; wenn ihr die Fähigkeit und Macht abhanden gekommen ist, Herz und Geist der Menschen zu der Wahrheit fortzuentwickeln, welche uns frei macht von der Knechtschaft der Menschen, — dann ist die Zeit des Indifferentismus, der kirchlichen Gleichgültigkeit gekommen. In einer solchen Zeit leben wir.

Es ringt der Geist der Menschen nach neuen Formen für die religiöse Gemeinschaft, nach neuem Leben in der Kirche.

Die katholische Kirche spürt sein Wehen. Ihre Grundpfeiler fangen an zu schwanken, der kirchliche Absolutismus ist in Gefahr, und schon versammelt der Papst die Fürsten und Herren seiner Kirche, um mit ihrer Macht und Hülfe seine Herrschaft über die Geister von neuem zu befestigen, und die nach Freiheit strebenden Herzen seiner Unterthanen wieder unter den Gehorsam seines Scepters zu beugen.

Es wird ihm schwerlich gelingen: wenn er aber nicht vom Stuhl Petri herabsteigen will, dann wird es höchste Zeit, daß etwas Großes und Entscheidendes zur Wiederbefestigung seines Thrones geschieht.

Die Zahl der selbstdenkenden Katholiken unter den Laien, welche den Muth haben, die Welt mit eigenen Augen und mit eigenem Herzen anzusehen, wird immer größer und größer; sie fühlen sich innerlich von der Kirche getrennt, wenn sie ihr auch äußerlich noch angehören.

Noch weit schlimmer sieht es in der protestantischen Kirche aus. Die Zahl der gebildeten Laien, welche der protestantischen Kirche entfremdet sind, wächst ohne Unterlaß; die Dissidenten mehren sich täglich; und selbst innerhalb der Kirche bildet sich ein Verein, der Protestantenverein, welcher die verfallende alte Kirche durch einen Umbau wieder zu einer Wohnung des heiligen Geistes zu gestalten strebt.

Alle diese kirchlichen Bewegungen scheinen dazu zu dienen, den Boden für den Bau eines neuen Gotteshauses zu ebnen.

Ich hoffe, daß die Zeit nun nicht mehr fern ist, wo der religiös-geistige Aufschwung das Herz des Volkes ergreift, und das deutsche Volk wird das erste sein, welches jenseits der katholischen sowohl, als der protestantischen Kirche zu einer neuen allgemeinen deutsch-nationalen christlichen Kirche den Grund legt.

Das ist das Ziel, nach welchem der Neugeist unserer Zeit drängt und treibt.

Soll denn die Spaltung deutscher Herzen und Gemüther im kirchlichen Leben ewig dauern? Hat es nicht in beiden Kirchen edelstrebende, gotterfüllte Männer gegeben, welche mit der ganzen Kraft der Seele nach dem Reiche Gottes trachteten? welche mit gleicher Liebe zur Wahrheit nach dem, was ewig ist, suchten und rangen?

Wenn nun gleichwohl der eine nicht auf dem Wege des andern durchs Leben gehen konnte, so müssen wohl beide vom rechten Wege abgewichen sein.

Vergeblich sind alle Versuche, die Protestanten zur katholischen Kirche, oder die Katholiken zur protestantischen Kirche bekehren zu wollen. In beiden Kirchen wohnt die Wahrheit neben dem Irrthum. Die eine Kirche kennt den Irrthum der andern und deshalb kann die eine unmöglich in die andere übergehen. Es muß eine neue Kirche sich gestalten, welche die Wahrheit beider Kirchen in sich aufnimmt und im Einklang mit dem Bewußtsein unserer Zeit von einer Klarheit zur andern fortentwickelt.

Diese Neugestaltung der Kirche muß von den Laien ausgehen.

Wir wollen nicht richten über unsere Geistlichen und Schriftgelehrten. Aber das läßt sich doch nicht leugnen, daß die protestantischen Pfarrer, als sie sich dem Studium der Theologie widmeten, zumeist weit mehr an die künftige Pfarre, als an die freie, auf die religiöse Wahrheit gerichtete Forschung dachten: — daß sie dann im Amte über der Sorge für Haus und Hof, für Weib und Kind kaum Zeit haben, an ihrer Fortbildung zu dieser Wahrheit zu arbeiten: — viele sind nicht stark genug, viele zu bequem dazu. Wie groß ist die Anzahl derer, welche zufrieden sind, wenn sie das System kirchlich-religiöser Begriffe und Anschauungen, welches ihnen der Professor auf der Universität mühsam zurecht gezimmert hat, für die ganze Lebenszeit von den Zweifeln der Vernunft und Wissenschaft rein und unbefleckt erhalten.

Vergessen wir auch nicht, daß die Mehrzahl der Geistlichen für ihr Amt auf ein bestimmtes Bekenntniß verpflichtet wird, und daß sie vielfach Gefahr laufen würden, ihr Amt und ihre einzige Nahrungsquelle zu verlieren, wenn sie einer Satzung des Bekenntnisses untreu werden wollten, und wir werden billig denken, wenn die Geistlichen nur vereinzelt und schüchtern dem neuen Geiste die Thüren der Kirche öffnen.

Dem katholischen Pfarrer hat schon der Begriff seiner allein selig machenden, nie irrenden Kirche das wissenschaftliche Gewissen festgebannt, und wenn er's freimachen könnte und wollte, so gefällt es ihm doch auch besser, den Sturm und das Wetter des Lebens unter Dach und Fach zu beobachten, als unter freiem Himmel.

Am ersten würde es noch einem der zum Theil mit Gütern der Erde und des Himmels reich begabten katholischen Kirchenfürsten möglich sein, dem Reiche Gottes eine neue Bahn zu brechen: aber die Sache ist gefährlich. Sie müßten die Bischofsmütze oder den Kardinalshut absetzen, die Hoffnung auf den Stuhl Petri aufgeben und möglicher Weise als gute Hirten ihr Leben für ihre Schaafe lassen. Das ist zu viel.

Für die Fürsten der Wissenschaft und Gelehrsamkeit ist es wahrlich keine leichte Aufgabe, den Lehrstuhl zu verlassen, auf dessen Herstellung und Ausschmückung sie ihre ganze Lebenszeit verwendet haben; die Bücher, welche ihre Lehren durch die Welt verbreitet haben, zurückzurufen; die Herrschaft über die Geister aufzugeben, welche sich ihrer Autorität willig unterworfen haben; den Glanz ihres hochgelehrten Namens zu verdunkeln; sich den Verfolgungen ihrer geliebten Herren Collegen und anderer Herren auszusetzen und zuletzt noch ihre Existenz zu gefährden.

Dennoch giebt es unter den Geistlichen und Schriftgelehrten noch immer genug Jünger der Wahrheit, welche auf die Ehre, die vor der Welt gilt, verzichten und die Wiederkunft Christi vorbereiten.

Auf ihre Stimme müssen wir Laien hören, so lange sie das Wort des Apostels (1 Petri 5, 2), welches er zu den Aeltesten sprach, in ihrem Gewissen tragen:

„Weidet die Heerde Christi, so euch befohlen ist, und sehet wohl zu, nicht gezwungen, sondern williglich, nicht um schändlichen Gewinnes willen, sondern von Herzensgrunde.

Nicht als die über das Volk herrschen, sondern werdet Vorbilder der Heerde.“

Mit solchen Geistlichen und Schriftgelehrten wollen wir das Werk beginnen, das ernste und schwere Werk, unserem Gotte im Herzen des deutschen Volkes einen neuen Tempel zu bauen.

Ernst ist das Werk. Wer sich von dem göttlichen Geiste, der in uns allen lebt, nicht gezogen fühlt zu dem Reiche Gottes, nach der ewigen Heimath unserer Seele, nach der Freude, welche die Gemeinschaft mit Gott, das reine Herz, das Streben nach dem Guten und Wahren dem Menschen bereitet, wer die Freuden der Menschenwelt höher achtet, mehr liebt, als die Freuden des Himmels, dessen Eingang uns unser Herr Jesus Christus geöffnet hat, der kann hier keine Hülfe leisten.

Wer sein Leben, die Freude, welche die Welt giebt, erhalten will, der wird es verlieren; wer aber sein Leben verlieret um Christi willen, der wird eine Freude des Lebens wieder finden, welche unvergänglich ist.

Im Vertrauen auf diese Verheißung unseres Herrn Jesu Christi wollen wir anfangen, die Bausteine zu sammeln, und den Grund zu graben, damit alles vorbereitet ist, wenn der rechte Baumeister kommt.

In diesem Vertrauen wollen wir an uns selbst arbeiten, daß wir den Irrthum und die Vorurtheile erkennen, welche den Geist der Wahrheit in unserer Seele verschleiern; daß wir es lernen, das Reich Gottes, welches inwendig in uns lebt, in unserer Seele und in der Gemeinschaft der Menschen sich entwickelt, zu nehmen, wie ein Kind, damit es dem Herrn der Ernte, wenn er kommt, nicht an Arbeitern fehle.

Schwer ist das Werk auch für uns Laien, weil wir durch Schule und Kirche, durch das Haus und den Staat dieser kindlichen Anschauung zu lange schon entwöhnt worden sind; weil die Wahrheit heute noch, wie zu Christi Zeit, verketzert und verfolgt wird: weil wir durch den Dienst der Wahrheit gar zu oft veranlaßt werden, liebgewordenen Gewohnheiten zu entsagen, ja uns von Personen und Verhältnissen zu trennen, welche uns im Leben die theuersten sind und sein sollen.

Das ist aber die erste Forderung, welche an jeden ergeht, der im Reiche Gottes mitarbeiten will, daß er die Wahrheit vor aller Welt bekenne; daß er Christum vor den Menschen bekenne gerade so, wie er ihn erkannt hat.

Wer also einen Irrthum in dem Kirchenglauben, dem er bisher ergeben war, einmal erkannt hat, der muß ihn auch bekennen, und darf sich durch die Opfer, welche mit diesem Bekenntniß verbunden sind, nicht bestimmen lassen, die Wahrheit zu verleugnen.

Wer Vater oder Mutter mehr liebt denn mich, der ist meiner nicht werth! spricht unser Herr Jesus Christus. Und wer Sohn oder Tochter mehr liebt, denn mich, der ist meiner nicht werth.

Wie oftmals habe ich von Katholiken, welche die Irrthümer ihrer Kirche erkannt haben, die Entschuldigung gehört, daß sie die erkannte Wahrheit auch vor der Welt zu bekennen sich deshalb scheuten, weil sie das Herz ihrer Mutter nicht betrüben möchten. Ihnen allen ruft Christus den Trost zu:

Und wer verläßt Häuser, oder Bruder, oder Schwester, oder Vater, oder Mutter, oder Weib, oder Kinder, oder Aecker um meines Namens willen, der wird es hundertfältig nehmen und das ewige Leben ererben.

Richten wir nicht über anders Denkende und Glaubende! Die

Katholiken nicht über die Protestanten und die Protestanten nicht über die Katholiken! Suchen wir vielmehr gemeinschaftlich nach der Wahrheit! Sollte es denn wirklich für ernste, wahrheitliebende Menschen so schwer sein, von dem rein menschlichen durch Christi Geist geweiheten Standpunkte aus einen gemeinschaftlichen Boden für die kirchliche Gemeinschaft des deutschen Volkes zu gewinnen?

Ich glaube es nicht. Hat nicht Christus uns die Zusage ertheilt, daß er mit seinem Geiste überall da, wo zwei oder drei in seinem Namen versammelt sind, mitten unter ihnen sein wolle!

Wir sind theuer erkauft, und wollen nicht der Menschen Knechte werden.

Wir wollen auch unsere Freiheit nicht urtheilen lassen von eines andern Gewissen. 1 Cor. 10, 29.

Denen aber, welche sich darauf verlassen, daß sie Christo angehören, wollen wir mit dem Apostel Paulus zu bedenken geben, daß gleich wie sie Christo angehören, also auch wir Christo angehören.

Um nun den gemeinschaftlichen Boden zu finden, müssen wir uns vor allen Dingen darüber zu verständigen suchen, wie wir über Gott, über den Menschen, über Jesus Christus und über den heiligen Geist zu denken haben.

Zu den Groß- und Klein-Würdenträgern der Kirchen, den Gelehrten und den Philosophen rede ich nicht. Ich suche nur bei Laien ein Verständniß, welche mit den Kräften, die uns Gott gegeben hat, und der natürlichen Anschauung eines kindlichen Gemüths in der Erkenntniß Gottes zu wachsen, im Leben sich mehr und mehr zu vervollkommnen streben, und die kirchlichen Einrichtungen so zu ordnen sich bemühen, daß das deutsche Volk auf der Bahn zum ewigen Leben vorwärts kommt.

Dabei bilde ich mir nicht ein, ich könnte etwas lehren.

Indem ich meine religiöse Ueberzeugung vor den Laien bekenne, will ich nur eine Anregung für jedermann im Volke geben, sich selbst über die religiösen und kirchlichen Fragen, welche unsere Zeit bewegen, eine eigene Ueberzeugung zu bilden.

Durch Mittheilung meiner Ueberzeugung will ich es den Laien, welche das Verlangen haben, an der Neugestaltung der Kirche mit zu arbeiten, nur erleichtern, die Wahrheit selbst zu finden, welche in ihrem Geiste und Herzen lebt und webt.

Mit gelehrten, wissenschaftlichen Erörterungen und Beweisführungen komme ich nicht.

Ich gebe weiter nichts, als was ich in meinem Verkehr mit Gott, mit Christus und der heiligen Schrift glaube für wahr erkannt zu haben.

Prüfet selbst alles und das Beste behaltet!

Geschrieben im August 1869.

Der Glaube an Gott.

Die Religion ist die Lebensgemeinschaft des Menschen mit Gott.

Alle Völker und alle Menschen stehen mit Gott in einer nähern oder entfernteren, bald mehr, bald weniger bewußten Gemeinschaft.

Wie das Leben jedes einzelnen Volkes, jedes Menschen sich individuell entwickelt, so gestaltet sich auch die Gemeinschaft mit Gott im Leben der Völker und Menschen individuell verschieden. Gott ist ewig und zu allen Zeiten derselbe unter allen Völkern, gegen jeden Menschen: aber die Völker und die Menschen sind verschieden.

Auch die Sonne ist eine und dieselbe zu allen Zeiten und an allen Orten. Aber doch offenbart sie sich in den Polargegenden anders, als unter den Tropen.

Das Licht ist dasselbe, aber es erscheint verschieden an verschiedenen Gegenständen.

Auch die Wärme ist dieselbe, aber sie wirkt verschieden auf den Stein, auf die Pflanze, auf den Menschen; verschieden im Frühjahr, im Sommer und im Winter.

Die Heiden, die Buddhaisten, die Muhamedaner, die christlichen Kirchen, alle Secten und Dissidenten haben ihre Religion.

Die Heiden glauben an Gott, wenn sie auch nichts von ihm sehen, als den Glanz und die Farben seines Gewandes, und nichts von ihm hören, als den Ton seiner Stimme.

In den geheimnißvollen Schauern der heiligen Haine, in der Erhabenheit der heidnischen Tempel, in der Schönheit der griechischen Göttergestalten, in den Kunstwerken der alten Dichter, — überall war Gottes Geist lebendig, überall war Gemeinschaft Gottes mit den Menschen, überall war Religion.

Die jugendliche Phantasie der Völker faßt die naturgesetzlichen Ursachen als persönliche Wesen, und ihre Wirkungen als selbstbewußte Handlungen des Segens und der Strafe auf.

Ihr Bewußtsein, ihre Erkenntniß von Gott bringt es nicht weiter als zu Ahnungen des Ewigen, des Heiligen, des Unendlichen.

Viel geistiger und tiefer als die Naturreligionen ist die Religion des Brahmanen.

Aber in seiner Zurückgezogenheit von der Welt, in der Befreiung seiner Seele von allen menschlichen Bedürfnissen, in dem Herausziehen seines Geistes aus dem natürlichen, kindlichen Leben zerfließt sein Gottesbewußtsein so sehr in's Allgemeine und Grenzenlose, daß ihm leider zuletzt von Gott nichts übrig bleibt, als ein inhaltleeres, todtes Nichts, als der Schatten der Unendlichkeit.

Für das sittliche Verhalten des Menschen gegen sich selbst und seine Nebenmenschen enthalten alle nicht christlichen Religionen mehr oder weniger vortreffliche Regeln.

Allein es fehlt diesen Regeln die rechte Wurzel, die unvergängliche, lebendig machende Seelenstärkung, wenn sie nicht aus dem Glauben an einen Gott herauswachsen, welcher, wie der Gott der Christen, der Inbegriff alles Vollkommenen ist.

Je leichter es den Menschen wird, sich in dem göttlichen Wesen etwas Unvollkommenes zu denken, desto leichter beruhigen sie sich bei ihrer eigenen Unvollkommenheit.

Jede unlautere Vorstellung von Gott vergiftet das sittliche Leben des Menschen.

Reiner, erhabener, vollkommener lehrt uns keine Religion von Gott zu denken, als die christliche.

Der Philosoph sucht ihn zu erkennen mit der Klarheit des Begriffes. Er bekämpft den Irrthum und die Unlauterkeit in den Vorstellungen und Urtheilen der Menschen über Gott. Wenn er Gott leugnet, so bestreitet er fast immer nur die Wahrheit, die Aehnlichkeit des Bildes, welches die Menschen sich von Gott machen. Viele begnügen sich bei dieser Verneinung, und es bleibt ihnen dann, wie es scheint, oftmals nicht viel von Religion übrig.

Die gelehrten Theologen benutzen das Handwerkszeug der Philosophen, um die Erkenntniß der Menschen von Gott und göttlichen Dingen nach dem Modell ihres kirchlichen Gottesbegriffs zu bilden und zu formen.

Wir Laien wollen willig und dankbar von den Philosophen und von den Geistlichen die guten Früchte ihrer Forschung und ihres Geistes annehmen; aber wir glauben nicht, daß sie allein den Weg zum Himmel kennen.

Wer mich lehret — hoch oder niedrig — meinen Glauben an den Gott Jesu Christi zu vertiefen, die Gemeinschaft meines Lebens mit diesem Gotte immer inniger zu gestalten, meine Erkenntniß seines Wesens zu läutern und zu verklären, dessen Führung will ich gern vertrauen.

Ueber diesen Glauben kann und will ich nicht hinaus.

Unser menschliches Wissen und Erkennen geht auf allen Gebieten von Glaubenssätzen, (Hypothesen, Axiomen) aus, und der Fortschritt, die Fortentwickelung besteht eben darin, daß die Erkenntniß sich in das Gebiet des Glaubens immer weiter und weiter ausdehnt, und die Glaubenssätze, die Merksteine der zeitlichen Entwickelung immer mehr und mehr hinaus rückt in das Reich der Unendlichkeit.

Die christliche Religion fängt von dem Glauben an den Gott, den uns Jesus Christus verkündet hat, an. Dieser Glaube an Gott ist auch der Quellpunkt, der Anfang und das Ende meiner Betrachtungen.

Wer ist denn nun unser Gott? Wer ist der Gott, den uns Jesus Christus verkündet hat?

Gott ist ein Geist, und die ihn anbeten, sollen ihn im Geiste und in der Wahrheit anbeten. Gott ist ein Geist, ein selbstbewußtes Wesen. Er ist ewig, allmächtig, allgütig, der Inbegriff alles Guten und Vollkommenen. Er ist der Urquell alles Seins und Lebens: die Werdekraft und Wirkensmacht in allem Geschaffenen, das Treibende in allem edlen Streben, das Beseligende im reinen Herzen, in der Liebe zu allem Wahren, Guten und Schönen. Er spricht zu uns aus der Weisheit und Herrlichkeit der Natur. Er schaut uns an aus dem unschuldigen Auge des Kindes, in der Freude des Vaters, in der Liebe der Mutter. Er wohnt in dem Tempel der Freundschaft und leuchtet von den Altären des Vaterlandes. Wir fühlen sein Dasein und glauben mit Christus an Gott, den Schöpfer und Erhalter Himmels und der Erde.

Wir glauben an Gott, den uns Christus verkündet hat, als den Gott der Liebe, als den Vater aller Menschen.

Brauchst du noch mehr von ihm zu wissen, um in seliger Gemeinschaft mit ihm zu leben?

Wäre dieser christliche Glaube an Gott in Wahrheit der lebendige Glaube, das Gemeingut der christlichen Völker, dann würde die Welt auf einer andern Stufe der geistigen und sittlichen Entwickelung stehen.

Die Lehren der Kirchen haben diesen Glauben nicht festgehalten. Sie stellen Satzungen auf, welche mit diesem Glauben unvereinbar sind.

Wir Menschen können nur menschlich denken.

Wollen wir aber über Gott und sein Verhältniß zu den Menschen nicht phantasiren, sondern denken und urtheilen, so müssen wir auch nach den Gesetzen des Denkens, welche wir auf anderen Gebieten des Wissens und Forschens für wahr erkannt haben, die Tiefen der Gottheit zu ergründen suchen.

Ein Grundgesetz des menschlichen Denkens ist es, daß widersprechende Urtheile nicht beide wahr sein können; daß von entgegengesetzten Urtheilen das eine wahr, das andere falsch sein muß.

Deshalb ist auch in Gottes Wesen kein Widerspruch zu denken. Gott kann nicht zugleich vollkommen und unvollkommen, zugleich gut und böse, zugleich heilig und unheilig sein.

Was nun vollkommen, gut und heilig ist, das können wir wiederum nur nach menschlicher Weise feststellen.

Das was wir am Menschen als unrecht, verkehrt, als sittlich verwerflich tadeln, das dürfen wir deshalb auch Gott nicht beimessen.

Das Gute dagegen, das wir am Menschen preisen, das müssen wir auch bei Gott voraussetzen.

Lehrt uns Christus nicht selbst, also über Gott zu denken, wenn er Luc. 11, 13 spricht: So denn ihr, die ihr arg seid, könnet euren Kindern gute Gaben geben, wie viel mehr wird der Vater im Himmel den heiligen Geist geben denen, die ihn bitten.

Ihr Heuchler, die Gestalt der Erde und des Himmels könnt ihr prüfen, wie prüfet ihr aber diese Zeit nicht?

Warum richtet ihr aber nicht an euch selber, was recht ist? (Luc. 12, 56.)

Halten wir fest an dem Glauben, den uns Christus verkündet hat, daß Gott der allgütige, allliebende, allweise Vater aller Menschen ist, so müssen wir jeden Gedanken der Rache von seinem heiligen Wesen ausschließen. Straft er, so kann er nur aus Liebe strafen.

Weil mein Vater gesündigt hat, deshalb kann mich Gott nicht strafen, und weil mein Bruder Gutes gethan hat, deshalb kann mir der heilige Gott meine Missethat nicht verzeihen.

Urtheilen wir also über Gott, so dichten wir ihm des eigenen Herzens Schwachheit an.

Willst du empfinden, wer Gott sei, so mußt du beten lernen. Im Gebete nähert sich unsere Seele dem Urquell ihres Daseins.

Thue Gutes im Verborgenen! An der Freude deines Herzens spürst du seine Gegenwart. Fürchte dich nicht! denn wir haben keinen knechtischen, sondern einen kindlichen Geist empfangen, in welchem wir rufen: Abba! lieber Vater.

Suchst du außer diesen Zeugnissen deines eigenen Herzens nach anderen gegen jeden Zweifel gesicherten Beweisen für die Wahrheit des christlichen Glaubens an Gott, so suchst du vergeblich. Für mich steht dieser Glaube fest. Wer mir ihn nehmen wollte, der würde meinem Geiste das Licht seiner Augen nehmen.

Der Mensch.

Der Mensch ist ein geistbegabtes Wesen, von Gott dazu bestimmt, in der Erkenntniß der Wahrheit und der Liebe zum Guten und Vollkommenen von Stufe zu Stufe sich fortzuentwickeln.

Die Uebereinstimmung seines Lebens mit dem Gesetze seiner Entwickelung ist der Zustand, welchen ich Seligkeit nenne.

Die Seligkeit ist dem Inhalte nach verschieden je nach dem Grade, nach der Stufe dieser Uebereinstimmung.

Sie ist nicht ein Geschenk, welches Gott dem Menschen giebt, wie der Vater seinem Kinde etwa ein Haus oder einen Acker schenkt.

Sie kommt nicht von Außen in das Menschenleben hinein, sondern sie wächst aus dem Menschenleben heraus. Sie ist die Blüthe des Menschenlebens.

Das leibliche, das irdische Leben des Menschen ist gleichsam der Boden, in welchem seine Seele wächst.

Das Wechselverhältniß zwischen dem leiblichen und seelischen Leben ist bestimmt durch ewige Gesetze. Auf dem großen Gebiete des menschlichen Lebens schreitet die Entwickelung nach der gottgegebenen Ordnung von Ursache und Wirkung fort.

Diese göttliche Ordnung ist die Natur des Menschen, ist sein Wesen.

Jede Veränderung dieser Ordnung würde die Natur des Menschen verändern, würde einer Neuschöpfung gleichbedeutend sein.

Der Mensch bleibt nur so lange Mensch, als er nach den Gesetzen lebt und webt, welche sein eigenthümliches Wesen ausmachen.

Aus Liebe hat Gott nun den Menschen so geschaffen, wie er ist: aus Liebe hat er ihn berufen zur Seligkeit.

Gott will, daß allen Menschen geholfen werde, und zur Erkenntniß der Wahrheit kommen. 1 Tim. 2, 4.

Fürchte dich nicht, du kleine Heerde; denn es ist eures Vaters Wohlgefallen, euch das Reich zu geben. Luc. 12, 32.

An dieser Schöpfung und an dieser Berufung hat der Mensch auch nicht das mindeste Verdienst: Gott schuf und berief den Menschen noch ehe er denken, wollen und handeln, noch ehe er überhaupt sich ein Verdienst zu erwerben und auf den göttlichen Willen einen Einfluß zu üben im Stande war.

Oder wer hat ihm etwas zuvor gegeben, das ihm wieder vergolten werde? Röm. 11, 35.

Die Berufung, die Anlage, die Möglichkeit zum seligen Leben ist aber noch nicht die Seligkeit. Die Seligkeit muß sich der Mensch durch das Leben erwerben, erkämpfen, erarbeiten.

Wie ist das möglich? wirst du fragen, wenn auch in der Menschenseele sich, wie in der äußeren Natur, alles nach unabänderlichen Gesetzen ordnet und regelt?

Kannst du sagen, daß die Blume sich ihre Blüthe selbst verdiene?

Nein: die Blume arbeitet nicht, sie wächst und gedeihet und blühet, weil sie muß, weil sie auf die ihr gegebenen Bedingungen der Entwickelung des Wachsthums keinen Einfluß hat.

Sie steht unter der ausschließlichen Herrschaft der Naturgesetze.

Anders ist es mit dem Menschen. Der Mensch weiß, was ihm gut ist. „Es ist dir gesagt, o Mensch, was gut ist, und was der Herr von dir fordert, nämlich Gottes Wort halten und Liebe üben und demüthig sein vor deinem Gott.“ Micha 6, 8.

Das Gesetz seines Lebens ist ihm in das Gewissen geschrieben. Das Gewissen ist das Bewußtsein von dem Gesetze seiner sittlichen Entwickelung, seiner Entwickelung zur Seligkeit, und er hat von Gott die Fähigkeit, zu wollen und zu thun, was diese Entwickelung hindert und was sie fördert. Was er in diesem Bewußtsein will und in diesem Bewußtsein thut, das ist sein Werk, das ist mehr oder weniger seine Schuld, mehr oder weniger sein Verdienst.

Hat der Mensch seine Seligkeit nicht verdient, so hat er seine Unseligkeit auch nicht verschuldet.

Siehe dir einmal den Garten an. Er hat guten und hat schlechten Boden, trockene und nasse Stellen, hier viel Licht und dort viel Schatten, hier ist er luftig, dort ist er dumpfig.

Wenn nun der Gärtner alles wachsen läßt, was, wie und wo es wachsen will, so hat er kein Verdienst an der Ernte. Es entwickelt sich alles nach Naturgesetzen: er hat keinen Einfluß auf das Wachsthum der Pflanzen. Indeß der Gärtner sieht dem Walten der Natur nicht müßig zu. Er kennt seine Pflanzen, Blumen und Sträucher: er weiß, in welchem Boden die eine Pflanze gedeiht, die andere verdirbt; daß die eine Blume die Sonne, Luft und Feuchtigkeit liebt, die andere nicht, oder nicht in gleichem Maaße. An diesen Entwickelungsgesetzen kann er nichts ändern.

Nun aber fängt er an zu arbeiten. Er gräbt den Boden um, er mischt die Erde; hier legt er zu, dort nimmt er weg; hier pflanzt er diese Blume, dort pflanzt er jene hin; hier bindet er an, dort beschneidet er; hier gießt er, dort leitet er die Feuchtigkeit ab; hier schafft er Luft und Licht, dort Schatten.

Willst du ihm dann doch das Verdienst an der Ernte noch bestreiten?

Die Seele ist des Menschen Garten. Auch im Leben der Seele hat jede bestimmte Ursache ihre bestimmte Wirkung. An diesem Verhältniß, an dieser Gesetzmäßigkeit seines seelischen Lebens kann er nichts ändern.

Aber er kennt die mannichfaltigen Triebe und Kräfte seiner Seele; er kennt den Boden und die Bedingungen, welche das Wachsthum derselben bald fördern, bald hemmen; hier vermag er Nahrung zu nehmen, dort zu geben; hier die Ursachen zu stärken, dort zu schwächen.

Was er zu diesem Zwecke thut, oder unterläßt, das trägt ihm seine Frucht. Was er säet, das wird er ernten.

Was sagt denn die heilige Schrift dazu?

Wer da kärglich säet, der wird auch kärglich ernten, und wer da säet im Segen, der wird auch ernten im Segen. 2 Kor. 9, 6.

Habe Acht auf dich selbst, und auf die Lehre, beharre in diesen Stücken. Denn wo du solches thust, wirst du dich selbst selig machen, und die dich hören. 1 Tim. 4, 16.

Gott wird geben einem jeglichen nach seinen Werken.

Nämlich Preis und Ehre und unvergängliches Wesen denen, die mit Geduld in guten Werken trachten nach dem ewigen Leben. Röm. 2, 6.

Wer aber Unrecht thut, der wird empfangen, was er Unrecht gethan hat, und gilt kein Ansehn der Person. Kol. 3, 25.

Und an dem merken wir, daß wir ihn kennen (Christum), so wir seine Gebote halten.

Wer da sagt: Ich kenne ihn, und hält seine Gebote nicht, der ist ein Lügner, und in solchem ist keine Wahrheit. 1 Joh. 2, 3.

Und die Welt vergehet mit ihrer Lust; wer aber den Willen Gottes thut, der bleibet in Ewigkeit. 1 Joh. 2, 17.

So ihr wisset, daß er gerecht ist, so erkennet auch, daß wer recht thut, der ist von ihm geboren. 1 Joh. 2, 29.

Wer nicht recht thut, der ist nicht von Gott, und wer nicht seinen Bruder lieb hat. 1 Joh. 3, 10.

Und siehe, ich komme bald und mein Lohn mit mir, zu geben einem jeglichen, wie seine Werke sein werden. Offenb. Joh. 22, 12.

Es werden nicht alle, die zu mir sagen: Herr, Herr, in das Himmelreich kommen, sondern die den Willen thun meines Vaters im Himmel. Matth. 7, 21.

Wer aber durchschauet in das vollkommene Gesetz der Freiheit, und darinnen beharret, und ist nicht ein vergeßlicher Hörer, sondern ein Thäter, derselbige wird selig sein in seiner That. Jac. 1, 25.

Gott giebt den Menschen das Korn, aber das Brot müssen sie sich selbst daraus backen.

Der Mensch vermag täglich und stündlich immer neue Keime des Guten in seine Seele zu legen, durch Uebung die Willenskraft zum Guten zu stärken, immer neue Antriebe zum Guten sich selbst zu schaffen, sich immer mehr zu befreien von der Macht des Bösen, und so allmälig hindurch zu dringen zu der Freiheit der Kinder Gottes.

Durch sittliche Arbeit muß diese Freiheit erkämpft, errungen werden.

Das Maaß dieser Freiheit ist zugleich das Maaß unseres eigenen Werthes, das Maaß unserer Seligkeit, das Maaß des Antheils, welchen wir am Reiche Gottes haben.

Die Freiheit des Willens ist im Werden: so lange wir noch sittlich unvollkommen sind, so lange ist auch die Freiheit des Willens unvollkommen.

Die sittliche oder unsittliche That ist die gute oder schlechte Frucht der jeweiligen moralischen Willensmacht des Menschen.

Willenskraft und Willensstärke hat auch der sinnliche Mensch.

Kraft der Sinne giebt Kraft des Willens.

Der Willensakt, der Beschluß resultirt, ist das Ergebniß mannichfaltiger, oftmals einander widerstreitender und sich unter einander bekämpfender Neigungen, Wünsche und Bestrebungen; alle diese Kräfte und jede einzelne haben einen durch das Subject, so wie durch die Zeit und durch den Ort mit bedingten, bestimmten Einfluß auf die Willensthätigkeit des Menschen.

So lange der Wille noch in der Werkstatt des menschlichen Geistes an den Entschließungen arbeitet, so lange ist der Mensch noch relativ willensfrei: so lange kann er immer neue Antriebe, immer neue Kräfte in den Kampf führen, die er je nach seiner sittlichen Beschaffenheit, je nach seiner Entwickelungsstufe aus dem Reiche des Guten oder des Bösen herbeizuziehen im Stande ist.

Wird er zum Handeln, zur That aufgefordert, so entscheidet er sich mit einer gewissen durch das Resultat der im Augenblicke wirksamen Kräfte gegebenen Nothwendigkeit. — Nichts desto weniger ist die That sein Werk, weil er sie groß gezogen, weil er sie erzeugt hat.

Die sittliche That, das gute Werk ist an sich nur die äußere Offenbarung des innern Menschen, und hat als die blos äußere Erscheinung des innern Menschen an sich keinen unmittelbaren Einfluß auf seine Seligkeit. Der innere Mensch, die Gesinnung, der Wille ist der Kern, das Werk ist die Schaale.

Die Werke, die Thaten sind aber insofern nicht ohne sittliche Bedeutung für den Menschen, als sie gewissermaßen der Spiegel sind für den sittlichen Werth desselben, und — so zu sagen — Vorentscheidungen enthalten, welche in gleicher Lebenslage den Menschen geneigt machen, in gleicher Weise sich zum Guten oder Bösen zu entschließen.

Die guten Thaten scheinen auf dem dunkeln Pfade der Sinnlichkeit und Leidenschaft wie Sterne in unsere Herzen und rufen uns aus der Irre zurück auf den Weg des Lebens. Sie mahnen uns wie Denkmale der Erinnerung, uns selber treu zu bleiben.

Die bösen Thaten wirken wie die Irrlichter, wie die Verführer auf unsere ferneren Entschließungen.

Das fromme Werk ohne die fromme Gesinnung, die gute That ohne das gute Herz ist ein todtgeborenes Kind.

Der Baum des Glaubens trägt die Früchte guter Werke, nicht die Früchte den Baum: aber die Früchte tragen zahllose Keime zu neuen Bäumen in sich.

Wer für seine gute That, für sein gutes Werk noch einen außerhalb der sittlichen, gesetzmäßigen Entwickelung liegenden Lohn von Gott erwartet, und um dieses Lohnes willen das Gute thut, der hat seinen Lohn schon dahin; der ist dem Kinde gleich, welches von seinem Vater ein Zuckerbrot erwartet, weil es in der Schule fleißig gewesen ist.

Wer für gute Werke von Gott die Seligkeit zu erkaufen gedenkt, der ist dem Gaste zu vergleichen, welcher, zu des Königs Tafel geladen, für die herrlichsten Weine und Früchte, die er genossen, von dem Könige noch Dank und Bezahlung in Anspruch nimmt.

Jede Gelegenheit zu einem guten Werke und jeder Antrieb zu einer edeln That ist schon eine Wohlthat, ein Geschenk für den Menschen. Wer für die gute That noch einen Dank von Gott begehrt, der mag an diesem Begehren erkennen, daß die That nicht aus gutem Herzen kam, daß sie nicht den Saamen des Guten, sondern nur die Spreu desselben enthielt.

Die That selbst giebt dem Menschen kein Verdienst: das Verdienst liegt nicht im Werke, sondern im Erwirken des Guten, in der sittlichen Arbeit, welche die Frucht der That, des Werkes gezeitigt hat; und der Lohn für dieses Verdienst liegt in der Förderung deiner sittlichen Entwickelung, in dem Einfluß, welchen die sittliche Arbeit auf deine Fortbildung zur Freiheit übt, in dem Genuß, welcher mit diesem Wachsen und Gedeihen deiner Seele von selbst verbunden ist.

Wie das Gute seinen Lohn, so trägt das Böse seine Strafe in sich.

Die Unseligkeit, das Verderben kommt eben so wenig von Außen, als die Seligkeit von Außen kommt.

Das Gute organisirt, das Böse desorganisirt: das Gute baut auf, das Böse löst auf. Das Gute befördert die Entwickelung des Wesens im Menschen, das Böse hält diese Entwickelung nicht nur auf, sondern zerstört auch die Organe des Lebens und erzeugt einen Krankheitsproceß, welcher den geistigen Tod und das sittliche Verderben des Menschen zur Folge hat, wenn nicht bei Zeiten die rechten Heilmittel angewandt werden.

Die Sünde ist eine Krankheit der Seele. Sie entsteht aus dem Uebermaaß sinnlicher Freuden und Genüsse, aus sittlicher Verwöhnung, aus der sittlich ungesunden Luft, in der wir leben, aus der Schlechtigkeit der Gesinnung.

Ist nun die Sünde eine Krankheit, welche ihre Ursache in der Störung und Hemmung des leiblichen wie des geistigen Lebens haben kann, so ist von selbst klar, daß von einer Vergebung der Sünde in dem kirchlichen Sinne eigentlich nicht die Rede sein kann. Die Sünde wird nur insofern vergeben, als ihre den Organismus zerstörende, auflösende Kraft überwunden, gebrochen, ihre Wirkung aufgehoben wird. Die natürlichen Functionen können durch die Heilung wieder frei gemacht werden: damit ist aber der Schaden, die Verheerung, welche die Sünde in der Seele angerichtet hat, noch nicht wieder geheilt. Die Zurückgekommenheit kann nur wieder gut gemacht werden durch vermehrte sittliche Arbeit, durch Beschleunigung der sittlichen Entwickelung.

Der Grund, daß jede Ursache ihre bestimmte Wirkung hat, der Grund der Gesetzmäßigkeit im Guten wie im Bösen liegt in dem göttlichen Geiste selbst, welcher in allem Sein und Leben gegenwärtig ist und das Wesen desselben ausmacht.

Das Feuer, welches im Winter dich erwärmt, welches die äußere Natur dir zur Dienerin macht, das zerstört auch deine Hütte, deine Habe und deinen Leib. Für die wohlthätige, wie für die verderbliche Wirkung gilt ein und dasselbe Gesetz. Ist das Gesetz deshalb schlecht, weil das Feuer auch zerstören kann? Hüte dich vor seiner verderblichen Macht! Achte auf den kleinsten Funken und sorge dafür, daß das Feuer da keine Nahrung findet, wo es verderblich wirken kann.

Im Reiche des Geistes da bist du selbst im Stande, die Kräfte die dir Gott gegeben, zum Guten wie zum Bösen zu gebrauchen, hier zur Seligkeit, dort zum Verderben.

Nun ist es ja richtig, daß es auch in der Welt des Geistes, des sittlichen Lebens verschiedene Himmelsstriche giebt. Die Gaben des Geistes und Herzens sind verschieden ausgetheilt über die Menschenwelt. Dem einen wird die sittliche Entwickelung, das geistliche Leben, die Arbeit leichter, dem andern schwerer. Dem einen ist viel, dem andern wenig gegeben. Dieser wird oft und schwer, jener selten und leicht versucht.

Willst du deshalb deinen Schöpfer tadeln?

Bist du nicht zufrieden mit dem Lohne deiner Arbeit, mit deiner Seele Seligkeit? weil Gott deinem Bruder, der, wie du glaubst, nicht so lange und nicht so angestrengt gearbeitet hat, denselben Lohn giebt, welchen du empfangen hast? Hast du mehr verdient, als du empfängst? Zu dir spricht Christus in dem Gleichnisse von den Arbeitern im Weinberge Matth. 20, 13:

„Mein Freund, ich thue dir nicht unrecht. Bist du nicht mit mir eins geworden um einen Groschen?

Nimm was dein ist und gehe hin. Ich will aber diesem Letzten geben, gleich wie dir.

Oder habe ich nicht Macht zu thun was ich will, mit dem Meinen? Siehest du darum scheel, daß ich so gütig bin?"

Erinnere dich an das Wort des Apostels Paulus Röm. 9, 19: Spricht auch ein Werk zu seinem Meister: Warum machst du mich also?

Die Lebensschicksale, die Entwickelungsbedingungen sind zudem, näher betrachtet, nicht einmal so verschieden, als du annimmst: sie sind verhältnißmäßig viel gleicher, als sie scheinen.

Die Mannichfaltigkeit, die Verschiedenheit, welche vorhanden ist, hat ihren Grund in der Natur des Menschen und des irdischen Lebens überhaupt.

Du lebst nicht für dich allein.

Die Erde ist nicht für dich geschaffen.

Auf die Gesammtentwickelung der ganzen Menschheit ist die göttliche Weltordnung angelegt.

Für das Leben der Gesammtheit sind die Entwickelungsgesetze, denen der einzelne untergeordnet ist, berechnet.

Die Unebenheiten und Leiden, welche für den einzelnen mit dieser Gesammtentwickelung nothwendig verbunden sind, die muß er als Glied dieser Gesammtheit tragen und sich des Wortes der heiligen Schrift getrösten, daß denen, die Gott lieben, alle Dinge müssen zum Besten dienen.

Willst du aus dem Leben in mönchische Einsamkeit flüchten, um seinen Leiden zu entgehen, so entsagest du zugleich den höchsten Freuden, welche das Leben erst des Lebens werth machen.

Löst das Individuum sich los von der sittlichen Gemeinschaft des Ganzen, pflegt der einzelne Mensch die ihn bewegenden Ideen getrennt von dem Gemeingeiste, zieht der individuelle Geist nicht aus dem Gemeingeiste Nahrung, Stärkung und Befruchtung, so wird sein Dasein verwesen, wie des Grases Blume.

Der Gemeinschaft, der du angehörst, mit ganzer Seele dich hinzugeben, ihre Entwickelung nach deinen Kräften zu fördern, das ist deine Bestimmung, das ist deine Ehre vor Gott, das giebt Freude, welche unvergänglich ist.

Der Menschengeist, welcher eins wird mit dem guten Geiste der Gemeinschaft, der wird Theil haben an dem ewigen Leben der Menschheit.

Christus.

Der Mensch ist berufen, wie wir gesehen haben, sich in der Erkenntniß Gottes von einer Stufe zur andern fortzuentwickeln und im Leben eine immer größere und innigere Gemeinschaft mit ihm einzugehen.

Von allen uns bekannten Völkern des Alterthums war es das Volk der Juden, in welchem der Geist Gottes am lebendigsten war.

Männer standen auf voll Kraft und Weisheit, welche den Vorhang des Allerheiligsten öffneten, und Strahlen der ewigen Wahrheit erleuchteten und erwärmten die Herzen der Menschen.

Aber anstatt sich zu Gott zu erheben, zogen die Menschen den ewigen, unendlichen Geist zu sich hernieder in den Kreis der Endlichkeit; anstatt sich nach dem Ebenbilde Gottes mehr und mehr zu vervollkommnen, formten sie sich ihre Erkenntniß von Gott nach dem Bilde ihrer eigenen Schwachheit und Unvollkommenheit; sie machten Gott zum Menschen.

Gottes heilige, ewige Gesetze bildeten sie um in Menschensatzungen. Von willkürlichen, äußerlichen, auf das sittliche Leben einflußlosen Ordnungen machte auch das Volk Gottes des Menschen Seligkeit abhängig.

Es gab noch fromme Gemüther, aber der Geist Gottes schlummerte in den Tiefen der Menschheit.

Da wurde Jesus Christus geboren.

In seiner reinen Seele spiegelte sich von Kindheit auf der Geist Gottes mit einer Klarheit und Ursprünglichkeit ab, wie bis dahin und bis zu dieser Stunde noch nie in einem Menschenherzen.

Aus dieser gotterfüllten, gottgeweiheten Kindheit entwickelte sich nach den ewigen der Menschheit innewohnenden Gesetzen mit Kraft und Hoheit der Jüngling zum erstgeborenen Sohne des allmächtigen Gottes.

Wir sind zwar alle Gottes Kinder und tragen den Keim der Gottähnlichkeit in uns, aber in ihm allein hat sich dieser Keim zum reichsten Leben, zur herrlichsten Blüthe entfaltet.

Sein Selbstbewußtsein und sein Gottesbewußtsein waren eins. Sein Wille und Gottes Wille waren eins.

Darum sagt Christus von sich selbst: Ich und der Vater sind eins. Joh. 10, 30.

Wer mich siehet, der siehet den Vater. Joh. 14, 9.

Er nennt sich selbst Gottes Sohn. Aber in demselben Sinne, in welchem die heilige Schrift von den Menschen als von Gottes Kindern spricht.

Er nennt sich Gottes Sohn in demselben Sinne, in welchem er Matth. 12, 50 spricht: Wer den Willen thut meines Vaters im Himmel, derselbige ist mein Bruder, Schwester und Mutter.

In demselben Sinne, in welchem die Schrift von Kindern des Lichts, des Geistes, des Friedens redet.

Auch die Juden nannten Gott ihren Vater. Joh. 8, 41.

Als Christus die Juden lehrte, daß er und der Vater eins seien, da hoben sie Steine auf, daß sie ihn steinigten.

Jesus antwortete ihnen Joh. 10, 32: Viele gute Werke habe ich euch erzeiget von meinem Vater; um welches Werk unter denselben steiniget ihr mich?

Die Juden antworteten ihm und sprachen: Um des guten Werks willen steinigen wir dich nicht; sondern um der Gotteslästerung willen, und daß du ein Mensch bist, und machst dich selbst einen Gott.

Jesus antwortete ihnen: Stehet nicht geschrieben in eurem Gesetz: Ich habe gesagt, ihr seid Götter.

So er die Götter nennet, zu welchen das Wort Gottes geschah; und die Schrift kann doch nicht gebrochen werden.

Sprechet ihr denn zu dem, den der Vater geheiliget und in die Welt gesandt hat: Du lästerst Gott darum, daß ich sage: Ich bin Gottes Sohn?

Thue ich nicht die Werke meines Vaters, so glaubet mir nicht.

Thue ich sie aber, glaubet doch den Werken, wollt ihr mir nicht glauben; auf daß ihr erkennet und glaubet, daß der Vater in mir ist, und ich in ihm.

Hier steht es geschrieben, daß sich Christus in demselben Sinne Gottes Sohn nennt, in welchem die Schrift von den Menschen als von Göttern, von denen, die Gottes Willen thun, als von seinen Kindern spricht.

So ist denn Christus der Erstgeborene unter vielen Brüdern. Röm. 8, 29.

Der Glaube der Kirche, daß Christus wahrer Gott und zugleich wahrer Mensch sei, steht im Widerspruch mit dem Grundgesetz des menschlichen Denkens und erscheint deshalb als eine Unglaublichkeit.

So lange zwischen dem Menschen und zwischen Gott ein wesentlicher Unterschied besteht, so lange kann ein wahrhaft menschliches Wesen nicht zugleich ein wahrhaft göttliches sein. Eines schließt das andere aus. Entweder das eine, oder das andere, oder keins von beiden.

Daß seine Kindheit und sein Jünglingsalter rein menschlich verlief, ohne daß sein Leben den hohen Beruf des Mannes von Gott offenbarte, das scheint schon daraus hervorzugehen, daß auch seine Brüder nicht an ihn glaubten. Joh. 6, 5.

Sein Vater und seine Mutter wunderten sich deß, das von ihm geredet war. Luc. 2, 33.

Noch im dreißigsten Jahre ward er gehalten für Josephs Sohn. Seine Abstammung von David führt Matthäus auf Joseph, den Mann Marias, zurück.

Christus selbst widerspricht seiner Gleichstellung mit Gott.

Er spricht Joh. 14, 28 zu seinen Jüngern: Hättet ihr mich lieb, so würdet ihr euch freuen, daß ich gesagt habe: Ich gehe zum Vater: denn der Vater ist größer denn ich.

Auf die Anrede: Guter Meister! erwidert er Marc. 10, 18:

Was heißest du mich gut? Niemand ist gut, denn der einige Gott.

Denn ich bin vom Himmel gekommen, nicht daß ich meinen Willen thue, sondern deß, der mich gesandt hat. Joh. 6, 38.

Denn ich habe nicht von mir selbst geredet; sondern der Vater, der

mich gesandt hat, der hat mir ein Gebot gegeben, was ich thun und reden soll. Joh. 12, 49.

Er mußte allerdings seinen Brüdern gleich werden (Ebr. 2, 17) und ward versucht allenthalben, gleich wie wir, doch ohne Sünde. Ebr. 4, 15.

Es hungerte ihn wie uns. Es jammerte ihn der Blinden, der Mutter des Jünglings zu Nain. Er wurde müde von der Reise. Er weinte und verwunderte sich. Er starb, wie wir.

Lange hat sich mein Herz gesträubt, unserem Herrn Jesus Christus die Gottheit zu bestreiten. Es gab eine Zeit, wo meine Seele erbebte, wenn mein Verstand ihr sagte, daß Christus in Wahrheit ein Mensch und deshalb nicht zugleich Gott gewesen sein könne. Ich wehrte die Gedanken über seine Wesenheit, die Zweifel an dem Glauben der Kirche ab, und brachte sie zum Schweigen, ohne sie zu überwinden. Aber so oft ich die Augen aufthat, so oft kehrten auch die verschwiegenen Zweifel wieder.

Ich mußte mir gestehen, daß die Hoffnungen und Vorstellungen von dem Messias, die religiösen Anschauungen der Zeitgenossen Jesu Christi überhaupt den Glauben an seine Gottheit hervorrufen und daß die Sprache der Bibel ihn erhalten konnten. Ich begriff, daß ein frommes Gemüth, welches von Jugend auf daran gewöhnt ist, zu Christus zu beten, in Leid und Freude seine Gedanken zu ihm zu erheben, in seiner geistigen Gemeinschaft Trost und Hoffnung zu suchen, den Zweifel an seiner Gottheit wie eine Sünde verabscheute. Dem frommen Herzen will ich diesen Glauben auch nicht nehmen. Aber ich habe die Ueberzeugung gewonnen, daß der Glaube an die Gottheit Christi in unserer Zeit für alle Menschen, welche nicht blos mit dem Herzen leben, sondern denken und urtheilen, nicht mehr bestehen kann.

Und wenn es anders wäre, ich kann nicht anders.

Durch diese Ueberzeugung hat die Macht des Glaubens an die erhabene Person Jesu Christi an sittlicher und religiöser Bedeutung für mein Leben nicht nur nicht verloren, sondern sie hat gewonnen.

Jetzt erst erkenne ich, zu welcher Hoheit und Heiligkeit des Lebens und der Gesinnung wir Menschen von Gott berufen sind, und wie weit wir hinter dem Ziele zurückgeblieben sind.

Jetzt erst zieht mich das geheiligte Vorbild meines Heilandes mit Kraft und Macht zu der Höhe der geistigen Klarheit und sittlichen Vollendung hinauf, zu welcher er sich emporgerungen hat.

So lange ich die Gottheit Christi gelten ließ, so lange tröstete ich mich in der Schwachheit und Trägheit meines Herzens über meine sittliche

Unwürdigkeit mit dem Gedanken, daß die Menschen um mich her sich in ihrem Leben und Streben nicht viel über mich erheben durften. Ich hielt mich nicht für besser, aber auch nicht für schlechter, als andere Menschen, und die Ideale der Jugend fingen zu altern an. Christi Persönlichkeit war ja keine menschliche Persönlichkeit. Was ihm möglich war, das war dem Menschen ja nicht möglich. Seine übermenschliche Größe beschönigte meine Schwachheit. Mit dem Glauben an die Menschheit Christi habe ich erst mein sittliches Vorbild gefunden. Jetzt erst hat das Schuldbewußtsein seinen Stachel, das Bewußtsein der Pflicht in meinem Herzen die rechte Tiefe gewonnen, nachdem ich an Jesu Christo erkannt habe, daß der Mensch nicht schon in der Wurzel so verderbt, seine Natur nicht so entartet, sein sittlicher Wille nicht so ohnmächtig ist, daß er unvermögend wäre, auf dem Wege vorwärts zu streben, den der heilige Gott uns vorgeschrieben hat.

Was verlierst du denn, wenn du den Glauben an die Gottheit Christi aufgiebst?

Verlierst du den Glauben an deinen Gott? an den Gott der unendlichen Liebe und Güte und Gnade und Barmherzigkeit, den uns Christus verkündet hat?

Ist die Wahrheit der christlichen Religion nur deshalb Wahrheit, weil ein göttlicher Mund sie verkündet hat? und wird die ewige Wahrheit deshalb zur Unwahrheit, weil dein Bruder sie ausspricht?

Jesus Christus war die erhabenste menschliche Persönlichkeit, der größte religiöse Genius, von welchem die Geschichte der Menschheit berichtet; er hat die neue Welt christlicher Lebens- und Gottesanschauung uns offenbart; er ist das Haupt der christlichen Kirche; er soll unser Heiland und unser König im Reiche Gottes sein und bleiben.

Der heilige Geist.

Der heilige Geist ist kein selbstbewußtes, für sich bestehendes, persönliches Wesen außerhalb der Gottheit. Hältst du den heiligen Geist, von welchem die Schrift redet, für ein persönliches Wesen, so mußt du ihn auch für einen Gott halten. Dann glaubst du nicht mehr an **einen** Gott und sündigest wider das erste Gebot: „Ich bin der Herr dein Gott; du sollst nicht andre Götter haben neben mir.“

Der heilige Geist ist der Geist Gottes, der göttliche Geist, welcher in dem Geiste der Menschheit lebt und webt. Er ist der Geist der Wahrheit, welcher durch seine Gotteskraft die Menschen in alle Wahrheit leitet.

Er ist der Geist des Guten und Vollkommenen, welcher als Gottesbewußtsein in der Seele des Menschen wirkt und schafft. Er ist die Lebensmacht und die Entwickelungskraft derselben.

Mit dem Wachsthum der Erkenntniß Gottes in uns steigert sich die Macht des heiligen Geistes über unsere Seele. So verschieden die Menschen sind in ihrer geistigen Entwickelung, so verschieden sind auch die Erscheinungen des heiligen Geistes in ihnen.

Der heilige Geist der Bibel erwies seine Macht und Kraft schon zur Zeit des alten Testaments.

Zacharias war des heiligen Geistes voll: er lebte in Simeon und sprach zu ihm. Auch Jesus selbst war voll heiligen Geistes.

Christus nennt den heiligen Geist den Geist der Wahrheit, welchen nur die empfangen können, welche ihn kennen und lieben.

Es ist des Vaters, es ist Gottes Geist, der durch die Apostel, wie durch alle Kinder Gottes redet; der Jesus auf dem Berge, seine Jünger am Pfingstfeste verklärte: der noch heute jedes fromme, gottergebene Gemüth verklärt.

Der heilige Geist ist der Entwickelungskeim göttlichen Ursprungs, der göttliche Funke, welcher das Licht unseres Geistes entzündet. Er ist auch die Sonne unseres seelischen und geistigen Daseins, unseres sittlichen Lebens.

Wie die Sonne nicht erst geschaffen wird, nicht erst der Erde gegeben wird, wenn sie aus den Schatten der Nacht auftaucht, die Wolken zerreißt und durch die Nebelschleier hindurch bricht, so wird auch der heilige Geist nicht als etwas Fremdes dem Menschen gegeben, sondern er kommt nur in ihm zum rechten Bewußtsein, zur rechten Wirksamkeit, wenn die Seele ihr Auge der ewigen Wahrheit zuwendet; wenn der Nebelschleier des Zweifels zerreißt, und die Liebe Gottes rein und klar durch den Dunstkreis des irdischen Lebens in unser Herz scheint.

Der heilige Geist giebt dem Menschen nicht ein neues Wesen; sondern er erhöhet nur die Kraft und Stärke seines Wesens; er fördert das Wachsthum seiner Entwickelung: er macht uns frei von den Banden der argen Welt; er schließt uns das Reich Gottes auf und führt uns zur rechten Freiheit der Kinder Gottes.

Im Evangelium Matthäi heißt es Cap. 10, V. 19 u. 20.

Wenn sie euch nun überantworten werden, so sorget nicht, wie oder was ihr reden sollt; denn es soll euch zu der Stunde gegeben werden, was ihr reden sollt.

Denn ihr seid es nicht, die da reden; sondern eures Vaters Geist ist es, der durch euch redet.

Im Evangelium Marci dagegen Cap. 13, V. 11.

Wenn sie euch nun führen und überantworten werden, so sorget nicht, was ihr reden sollt, und bedenket euch nicht zuvor, sondern was euch zu derselben Stunde gegeben wird, das redet. Denn ihr seid es nicht, die da reden; sondern der heilige Geist.

Hieraus folgt, daß die Bibel selbst unter dem heiligen Geiste den Geist Gottes, den Geist des Vaters aller Menschen versteht.

Der heilige Geist ist die Erscheinung, die lebendige Wirksamkeit Gottes in unserem Geiste.

Gott ist die Sonne und der heilige Geist ist das Licht.

Aus diesen Betrachtungen ergiebt sich nun von selbst, was wir von der Lehre der Kirche über die Inspiration zu halten haben.

Versteht man darunter die Eingebung eines höheren, übermenschlichen Geistes, eines Geistes, welcher zufolge der menschlichen Natur ohne diese Eingebung in dem Menschen gar nicht lebendig und wirksam werden könnte, so ist diese Eingebung nicht sowohl der Neuschaffung eines Menschen, sondern der Schöpfung eines ganz neuen übermenschlichen Wesens gleich zu achten, welches mit dem Namen eines Halbgottes zu bezeichnen sein würde.

Wo bliebe nun in solchen Halbgöttern der ursprüngliche, natürliche Menschengeist? Sollen sich beide nebeneinander vertragen, so muß das Bewußtsein des neuen Wesens als ein getheiltes erscheinen. Fehlt es aber einem geistigen Wesen an der Einheit des Bewußtseins, so müssen wir bei ihm eine Geistesstörung annehmen.

Soll der übermenschliche Geist den menschlichen Geist in sich einathmen und aufgehen lassen, so muß diese Veränderung des ursprünglichen Wesens sich doch in dem ganzen Leben des neuen Geschöpfes dergestalt wirksam erweisen, daß von dem alten, menschlichen Geiste nichts mehr wahrzunehmen ist.

Sieht man sich aber die Halbgötter näher an, so nimmt man von einer solchen Natur- und Wesens-Veränderung nichts wahr, und wir sind daher vollkommen berechtigt, die Menschen trotz der Inspiration für unseres Gleichen und für nichts als Menschen zu achten.

Ließe die menschliche Natur überhaupt eine solche schöpferische Umwandelung ihres innersten Wesens zu, so würde der Gott der ewigen Liebe, welcher will, daß allen Menschen geholfen werde, es wohl vorziehen, statt diesen oder jenen mit dem heiligen Geiste zu privilegiren, lieber gleich alle Menschen zu inspiriren.

Auch mit einer andern Vorstellung von der Inspiration kommen wir nicht weiter, welche ihre Stütze in den oben angeführten Stellen der Evangelien und ähnlichen Bibelstellen sucht.

Nach dem Evangelium Marci verantworten sich die Apostel nicht selbst, sondern es spricht der heilige Geist durch sie.

Hiernach möchte es scheinen, als wenn die Auserwählten Gottes zuweilen als bloße Werkzeuge des heiligen Geistes, als Instrumente für seine Mittheilungen gebraucht wurden.

Ist das möglich, daß der Mensch etwas Verständiges sprechen kann, ohne daß er selbst es weiß, oder will, so ist es beinahe zu glauben, daß auch Bileams Esel gesprochen hat.

Wo bleibt denn, muß ich auch hier fragen, das Selbstbewußtsein des Menschen? Wo bleibt sein Welt- und Gottesbewußtsein, während er vom heiligen Geiste — so zu sagen — als Sprachrohr benutzt wird? Wir könnten uns einen solchen Menschen höchstens als einen Träumenden oder nach seiner menschlichen Seite als einen Geistesabwesenden vorstellen.

Nun giebt es aber auch für uns Menschen gar keine irgend zureichenden Gründe, welche uns zu überzeugen vermöchten, daß durch diesen oder jenen Menschen nicht sein eigener, sondern der heilige Geist zu uns spricht.

Die Inspiration soll doch — darüber ist wohl kein Zweifel — nicht ein äußerer, sondern ein innerer Vorgang sein. Ueber das, was im Innern eines Menschen vorgeht, kann niemand Zeugniß ablegen, als dieser Mensch selbst.

Ein solches Zeugniß hat auf die Ueberzeugung anderer Menschen so lange gar keinen Einfluß, und soll keinen haben, als wir nicht an den Früchten des Zeugenden erkennen, weß Geistes Kind er ist.

Die Frucht des Geistes ist Liebe, Freude, Friede, Geduld, Freundlichkeit, Gütigkeit, Glaube, Sanftmuth, Keuschheit. Gal. 5, 22.

Wo wir diese Früchte sehen, da ist der heilige Geist lebendig. Aber der Mensch, in welchem dieser heilige Geist wirkt und schafft, ist ein Mensch wie du, und der heilige Geist ist nichts weiter, als die Gottesfülle des von der Liebe zum Guten und Wahren geweiheten, geheiligten Menschengeistes. Kein Mensch kann diesen Geist schaffen, und keine menschliche Einrichtung kann ihn hervorzaubern aus den Tiefen der Menschenbrust.

Der Mensch und die menschlichen Einrichtungen können das Vorhandene, das Gottgegebene in seiner Entwickelung nur fördern, den heiligen Geist in seinem Wachsthum nur frei und lebendig machen.

Es giebt heilige, gottgeweihete Menschen wohl zu allen Zeiten auf Erden, welche als die Bahnbrecher des Reiches Gottes anzusehen sind, und die Kirche thut wohl daran, für sie Zeugniß abzulegen, damit die Menschen der rechten Vorbilder nicht ermangeln und die Leitsterne erkennen, nach welchen sie im Dunkel des Lebens ihren Lauf einzurichten haben. Von diesem Gesichtspunkte aus gewinnt auch die Heiligsprechung der katholischen Kirche Sinn und Bedeutung.

Sie sollte immer erst nach dem Tode des Menschen stattfinden. So lange noch ein Abfall vom Guten möglich ist, so lange ist die Heiligsprechung gefährlich für die Kirche und für den Heiliggesprochenen selbst.

Nach dem Tode aber kann die Kirche sagen: In diesem Manne hat der heilige Geist gewohnt: sein Gedächtniß soll bleiben unter uns: er soll unser aller Vorbild sein.

Daß die Heiligsprechung auf das Seelenheil des Heiliggesprochenen und sein Verhältniß zu Gott nicht den allergeringsten Einfluß hat, das sollte billiger Weise von keinem Verständigen bestritten werden.

Der Gott, welcher Herzen und Nieren prüft, der weiß allein, was der Mensch werth ist: er bedarf keiner Belehrung darüber durch einen Richterspruch schwacher und kurzsichtiger Menschen. Seine Gerechtigkeit theilt jedem Menschen zu, was er verdient, und fragt dabei nicht darnach, ob die Kirche ihn heilig spricht oder verdammt.

Die Bibel.

Die Bibel ist die Hauptquelle christlicher Erkenntniß von Gott und seiner Gemeinschaft mit den Menschen.

Die Schriften alle, welche wir darin finden, alten und neuen Testaments, sind von Menschen verfertigt auf rein menschliche Weise.

Weder bei der Sammlung derselben zu einem einzigen Religionsbuche, noch bei der Ausarbeitung der einzelnen Schriften selbst ist der heilige Geist in übermenschlicher oder unbegreiflicher Weise thätig gewesen.

Seine Mitwirkung bei der Entstehung derselben unterscheidet sich durchaus nicht wesentlich von dem Einflusse, welchen der Geist Gottes zu allen Zeiten auf religiös begabte Menschen gehabt hat, und nach denselben ewigen Gesetzen heute noch äußert und für alle Zukunft äußern wird.

Auf allen Gebieten menschlicher Entwickelung finden wir, daß eine

Zeit vor der andern, ein Volk vor dem andern, ein Mensch vor dem andern ganz besondere Anlagen zur Förderung dieser Entwickelung besitzt.

Die Genien der Kunst und Wissenschaft, die Heroen aller Zeitalter, wie hoch sie sich auch erheben über die Mitwelt und Nachwelt, sie sind doch unseres Gleichen. Sie denken und fühlen und leben und arbeiten nach denselben Gesetzen, wie wir. War es ihnen auch vergönnt, tiefer hinabzusteigen zu dem Brunnen, aus welchem rein und klar des Lebens Quelle fließt, und höher sich zu erheben zu den ewigen Gestirnen des Himmels, ihre Schöpfungen sind doch nur Menschenwerke.

Auch auf dem Gebiete der Religion giebt es Genien, giebt es Heroen. Ihnen verdanken wir zum Theil die heiligen in der Bibel gesammelten Schriften.

Wie der Geist Gottes überall thätig ist und nach ewigen Gesetzen wirkt und schafft, wo etwas Wahres, Gutes, Schönes sich entwickelt, so wirkte er auch bei der Entstehung der heiligen Schriften mit.

Dennoch aber waren die Schöpfungen auch der religiösen Genien nur menschliche Werke; und wenn wir auch nicht im Stande sind, solche Werke zu schaffen, so sind wir doch im Stande, sie zu begreifen und zu beurtheilen.

Deshalb muß auch die wissenschaftliche Forschung in der Bibel und über die Bibel vollkommen frei sein.

Du darfst mit allen Mitteln deiner Gelehrsamkeit und deines Wissens untersuchen, zu welcher Zeit die Sammlung der heiligen Schriften und ihre einzelnen Theile entstanden sind, und ob sie wirklich von den Verfassern herrühren, deren Namen sie tragen. Du darfst forschen und fragen, ob die Mittheilungen der wirklichen oder vermeintlichen Verfasser auf eigener Erfahrung beruhen, oder auf Ueberlieferung? — ob und in wie weit die Vorstellungen vergangener Zeiten bei der Auffassung des Selbsterlebten oder Ueberlieferten ihren Einfluß geübt haben?

Du darfst, und ich glaube, wenn du Beruf dazu hast, so mußt du die Aechtheit sowohl als die Glaubwürdigkeit der biblischen Urkunden mit denselben Mitteln und Kräften festzustellen suchen, welche dir auf anderen Gebieten des Wissens zu Gebote stehen.

Ob es möglich sein wird, jemals darüber Gewißheit zu erlangen, muß die Zukunft lehren. Jahrhunderte lang fortgesetzter Fleiß, die ernste Gewissenhaftigkeit zahlloser, mit allen Hülfsmitteln der Wissenschaft reich ausgestatteter Forscher hat es bis jetzt kaum vermocht, über die Entstehungszeit einzelner biblischer Schriften einiges Licht zu verbreiten. Ueber die Person der Urheber vieler Schriften alten und neuen Testaments herrscht aber heute noch viel Ungewißheit und Zweifel. Hier mehr Klarheit und Gewißheit zu schaffen, müssen wir Laien, so lange wir nicht selbst ein Studium aus den hier einschlagenden Fragen machen, den gelehrten Theologen überlassen.

Was aber auch das Resultat ihrer Forschungen sein möge, die Bibel bleibt doch die heilige Quelle der christlichen Gotteserkenntniß, die reichste Fundgrube unserer christlichen Welt- und Lebensanschauung.

Der heilige Geist, der Geist der Wahrheit, welcher in alle Wahrheit leitet, die erhabenen Vorbilder ächter Frömmigkeit und Tugend, die einzige und verhältnißmäßig treueste Kunde von der Lehre, dem Leben und Sterben unseres Herrn Jesu Christi sind es, welche der Bibel ihr Ansehn, ihre Bedeutung, ihre religiöse Weihe geben. Streichen wir die Namen der Verfasser, welchen die biblischen Bücher zugeschrieben werden, sämmtlich hinweg: dennoch bleibt das Ewige, das Wahre, das Göttliche, welches in der Bibel Gestalt und Ausdruck gefunden hat, bestehen. Es wird ihm nichts von seiner Macht genommen. Seine Macht liegt in dem Zeugniß unseres Herzens und unseres Geistes, in der innern Bewährung, nicht in der äußern Autorität.

Unser Herr Christus spricht: Prüfet alles und das Beste behaltet.

Und Paulus: Der Geist erforschet alle Dinge, auch die Tiefen der Gottheit.

Warum sollen die Menschen nicht auch die Tiefen des Geistes der Menschheit erkennen und erforschen können, welcher in der Bibel sich ausgestaltet hat?

Nach dem Zeugniß unseres Herzens und unseres Geistes lernen wir in der Bibel unterscheiden das Wesentliche und das Unwesentliche, das Ewige und das Zeitliche, das Bleibende und das Vergängliche, das Göttliche und das Menschliche.

An das Erstere halten wir uns. Jenes ist der Kern, dieses die Schaale: jenes das Licht, dieses der Schatten: jenes der Geist, dieses der Buchstabe. Der Geist aber ist es, der da lebendig macht.

Die Tradition.

Die Bibel ist die Hauptquelle des christlichen Glaubens und Lebens; aber sie ist nicht die einzige Quelle.

Christus selbst hat keine Schriften hinterlassen: er spricht in der Bibel nur durch die Augen und Ohren und Herzen seiner Jünger, ihrer Schüler und Nachfolger zu uns. Sein Unterricht und seine Lehre fand ihr natürliches Maaß in der Fassungskraft und dem Auffassungsvermögen seiner Zeit sowohl als der Jünger insbesondere. Wie oft verstanden die Jünger den Sinn seiner Reden nicht. Ich erinnere an den Sauerteig der Pharisäer (Matth. 16, 7. 11), an das Gleichniß vom Säemann (Marc. 4, 12). Von dem Himmelreich, welches Christus auf Erden gründen wollte, hatten sie keine richtige Vorstellung. Sie konnten sich deshalb in sein Leiden und Sterben gar nicht finden, weil sie hofften, daß er Israel erlösen, ein irdisches Messiasreich aufrichten sollte.

Christus sprach (Joh. 16, 12. 13) zu ihnen: Ich habe euch noch viel zu sagen, aber ihr könnet es jetzt nicht tragen. Wenn aber jener, der Geist der Wahrheit kommen wird, der wird euch in alle Wahrheit leiten.

Paulus sagt von sich 1 Kor. 13, 9: Unser Wissen ist Stückwerk.

Auch die Apostel mußten sich bei ihrem Unterricht nach den Gaben und dem Verständniß ihrer Hörer richten.

Und ich, liebe Brüder (spricht Paulus 1 Kor. 3, 1—3), konnte nicht mit euch reden als mit Geistlichen, sondern als mit Fleischlichen, wie mit jungen Kindern in Christo. Milch habe ich euch zu trinken gegeben und nicht Speise; denn ihr konntet noch nicht, auch könnet ihr jetzt noch nicht: dieweil ihr noch fleischlich seid.

Es läßt sich nicht bezweifeln, daß Christus selbst sowohl als seine Apostel noch gar viel gesprochen, gelehrt und letztere auch geschrieben haben, wovon die Bibel uns keine Kunde giebt.

Durch mündliche Ueberlieferung und schriftliche Mittheilung ist im Zeitalter Jesu Christi gewiß noch manches Wort des Lebens den Menschen verkündet worden, welches in den Kreisen, denen die Sammlung der biblischen Schriften ihren Ursprung verdankt, nicht mehr bekannt war, oder nicht recht gewürdigt wurde.

In der ersten Zeit der christlichen Kirche hatte die mündliche Ueberlieferung eine die schriftliche sogar überragende Bedeutung.

Die mündliche Ueberlieferung verliert aber sehr bald an Klarheit und Zuverlässigkeit, wenn sie nicht frühe in Sitten oder Gebräuchen, in Sprichwörtern oder Sinnsprüchen eine festere Gestalt annimmt.

Versuchen wir es nur, den Inhalt einer tief ergreifenden Rede oder Predigt, die wir vor zwei, drei Jahren gehört haben, nach Wort und Sinn getreu wiederzugeben, und wir werden dann nicht mehr zweifeln, welchen Werth eine durch Jahrhunderte fortgepflanzte mündliche Ueberlieferung in Anspruch zu nehmen hat.

Je früher die Ueberlieferung sich in das Gewand der Schrift gekleidet hat, desto mehr gewinnt die Ueberlieferung an Glaubwürdigkeit und Ansehn.

Ich leugne nicht, daß es apostolische und nachapostolische Schriften geben kann, welche nicht in der Bibel stehen, und doch ganz dieselbe und vielleicht noch eine höhere Bedeutung und Geltung haben sollten, als die eine oder andere der biblischen Schriften. Ob dies aber der Fall ist, darüber kann nicht der Machtspruch der Kirche, darüber muß die wissenschaftliche Forschung entscheiden.

Warten wir die Resultate derselben getrost ab: zur Zeit ist die Bibel noch die Hauptquelle unseres christlichen Glaubens und Lebens.

Ihr zur Seite steht eine andere Macht, die Macht des Geistes, der schon zuvor, ehe es noch eine Bibel, ehe es noch eine heilige Schrift gab, die Gemeinschaft der Christen sammelte, belebte und regierte, welcher die christliche Kirche gestaltete und den Grund gelegt hat zu dem Reiche Gottes auf Erden.

Das Christenthum ist nicht die Summe der in der Bibel stehenden Lehren: es ist nicht ein todter Buchstabe, sondern Geist und Leben. Wo aber Geist und Leben ist, da ist auch Ausgestaltung, Fortentwickelung, Wachsthum und Vervollkommnung.

Ich (sagt Paulus 1 Kor. 3, 10) von Gottes Gnaden, die mir gegeben ist, habe den Grund gelegt, als ein weiser Baumeister; ein anderer bauet darauf. Ein jeglicher aber sehe zu, wie er darauf baue.

Wahrlich, wahrlich, ich sage euch (spricht Christus Joh. 14, 12): Wer an mich glaubet, der wird die Werke auch thun, die ich thue, und wird größere denn diese thun; denn ich gehe zum Vater.

Hat nicht Christus uns verheißen, daß er bis an der Welt Ende bei uns bleiben will? — daß er, wo zwei oder drei versammelt sind in seinem Namen, mitten unter ihnen sein will?

Er ist das Haupt des Leibes, nämlich der Gemeine (Kol. 1, 18. 24) und wir sind Glieder seines Leibes.

Die Gemeinde ist der unvergängliche Leib, in welchem der Geist Christi lebendig ist, und sich im Bewußtsein der Zeit von einer Klarheit zur andern fortentwickelt.

Ein Geschlecht sagt es dem andern, und ein Zeitalter thut es kund dem andern, was es erschaut und erkannt hat von dem Heiligthume Gottes.

Der von Christo ausgegangene Geist, der heilige Geist ist es, der das Entwickelungsprincip der christlichen Gemeinschaft ist.

Je verschiedenartiger die Nationen, welche der christlichen Gemeinschaft angehören, desto mannichfaltiger und reicher ist sein Leben: je sittlich reiner das Leben der Menschen, desto tiefer, klarer und leuchtender ist der Fortschritt der christlichen Kirche.

Das ist die rechte Tradition, die rechte Ueberlieferung, daß die Güter des Reiches Gottes, die Schätze des heiligen Geistes, welche die kirchliche Gemeinschaft an das Licht gebracht hat, sich forterben; daß die Gegenwart erntet, was die Vergangenheit auf den Geist gesäet hat, und daß die Gegenwart, nachdem sie geerntet hat, wiederum der Zukunft das Feld bestellt, und dem kommenden Geschlechte alles völliger und reicher hinterläßt, was sie von dem vergangenen erhalten hat.

Der Glaube.

Der Glaube macht den Menschen selig.

Giebt es ein tieferes Bedürfniß der menschlichen Natur, als das Verlangen, selig zu werden? Und doch giebt es noch so viel unzufriedenes, unseliges Wesen in der Welt. Es muß deshalb wohl mit dem seligmachenden Glauben eine eigene Bewandtniß haben.

Der Glaube ist nicht Jedermanns Ding (2 Thess. 3, 2).

Fragen wir daher, was unter diesem Glauben zu verstehen ist?

Unter Glauben versteht man, nach dem gewöhnlichen Sprachgebrauch, etwas für wahr halten, ohne daß man durch zureichende Gründe die Ueberzeugung von der Wahrheit des Geglaubten gewonnen hat.

Es ist aber der Glaube eine gewisse Zuversicht deß, das man hoffet, und nicht zweifelt an dem, das man nicht siehet. Ebr. 11, 1.

Ist der Mensch durch zureichende Gründe überzeugt, daß etwas unwahr ist, so ist es für ihn unmöglich zu glauben, daß es dennoch wahr sei. Dasselbe Urtheil kann nicht zugleich wahr und zugleich falsch sein.

Der Glaube an das für unwahr Erkannte ist Selbsttäuschung oder bewußtlose Gewöhnung. Daß zweimal zwei fünf sei, kann niemand glauben, weil er weiß, daß es nicht wahr ist.

Einen Glauben giebt es aber nicht ohne Glaubensinhalt.

Was soll ich nun glauben, um selig zu werden?

Unser Herr Christus spricht Joh. 6, 47: Wahrlich, wahrlich, ich sage euch: Wer an mich glaubet, der hat das ewige Leben.

Das ewige Leben haben, und selig sein, sind gleichbedeutende Begriffe.

Also ist es der Glaube an Christus, welcher den Menschen selig macht.

An Christus, an Moses, an Mahomed, an Luther glauben, das heißt aber nicht für wahr halten, daß Christus, Moses, Mahomed, Luther gelebt hat. Es heißt für wahr halten, was Christus, Moses, Mahomed, Luther für wahr gehalten und durch Lehre und Leben für wahr erklärt haben.

Nun aber glaubten auch die unsauberen Geister, ja der Teufel selbst nach dem Zeugniß der Bibel an Jesus Christus. (Marc. 3, 11. Luc. 4, 34; 8, 28.)

Aber der Glaube verursachte ihnen die größte Pein; sie glaubten und zitterten. (Jac. 2, 19.)

Das ist nicht der Glaube, der selig macht.

Ferner giebt es unendlich viele Menschen, welche vorgeben, an Christus zu glauben, und sie glauben auch an seine Wahrheit, aber sie thun es nicht aus Liebe zur Wahrheit; sie nehmen den Glauben an, um durch das gute Werk des Glaubens selig zu werden. Sie haben kein Bedürfniß, die Wahrheit zu erkennen, lassen den lieben Gott einen guten Mann sein, wehren die leisen Anwandelungen des Zweifels vorsichtig ab, sie denken über ihren Glauben gar nicht nach; aber sie leben, als wenn sie nicht an Christus glaubten.

Ist das der seligmachende Glaube?

Das ist nicht der wahre Glaube, antworten die einen: das ist gar kein Glaube, sagen die anderen.

Wenn der Vater seinem Kinde sagt: Springst du in den See, so mußt du sterben: — und das Kind springt doch in den See, so glaubt es entweder nicht an seinen Vater, oder es will sterben.

Spricht aber Christus zu dir: Das mußt du thun und jenes mußt du lassen, um selig zu werden: — und du hältst sein Wort nicht, so glaubst du auch nicht an ihn, oder, wenn du an ihn glaubst, so verzichtest du auf deine Seligkeit.

Du glaubst vielleicht so lange, als dir der Glaube bequem ist: wenn du aber dein Leben nach diesem Glauben einrichten sollst, und du kommst in Anfechtung und Versuchung, so giebst du deinen Glauben auf, du zweifelst an seiner Wahrheit und thust, was dir der Glaube an Christus und seine Wahrheit verbietet.

Nennst du das glauben? Nimmermehr!

Glaubst du an die Wahrheit, welche Christus dir verkündet hat, so muß diese Wahrheit auch in allem deinen Dichten und Trachten, in deinem Hoffen und Sehnen, in deinem Leben und Wandeln sich lebendig erweisen; sie muß die Richtschnur deines Handelns, sie muß die Sonne sein, welche die innere Welt deines Geistes zusammenhält. Vermag sie das nicht, so glaubst du auch nicht an sie.

Wie kommt es nun aber, daß gerade der Glaube an Christus den Menschen selig machen soll? Warum wirkt denn der Glaube an Sokrates, oder an Kopernikus, oder an Julius Cäsar nicht dasselbe?

Vielleicht antwortest du mir darauf: weil Gott es so gewollt hat.

Der Mensch, welcher sich in seinem Handeln durch Willkür bestimmen läßt, ist tadelnswerth. Ein Vater, welcher im Stande ist, sein Kind glücklich zu machen, und wollte dies nur thun unter Bedingungen, welche mit dem Glück des Kindes in keinem Zusammenhang stehen, unter irgend beliebigen Bedingungen, die er auch ändern und zuletzt ganz erlassen könnte, würde der dem Ideal eines guten und liebenden Vaters entsprechen? Gewiß nicht. Deshalb dürfen wir auch nicht von Gott annehmen, daß er den Menschen gewissermaßen die Seligkeit für einen willkürlichen Preis verkaufen werde. Hier der Glaube des Menschen an diese oder jene Wahrheit, und dafür die Seligkeit. Thust du mir den Willen, so thue ich dir den Willen.

So dürfen wir von dem vollkommenen, heiligen und allgütigen Wesen Gottes nicht denken. Ein solches Urtheil würde im Widerspruch stehen mit dem Gottesbegriff, welchen Christus uns gelehrt hat. In dem unentwickelten Kindesalter des Menschen und der Völker mag solch eine Vorstellung von Gott möglich sein: für einen Christen sollte sie unmöglich sein.

Was meinst du denn, wenn du von Seligkeit sprichst? Was suchst du, wenn du nach der Seligkeit strebst? Suchst du Geld und Gut? Ehre und Ansehen vor der Welt? Glänzende Gaben des Geistes und Verstandes? Und wenn du sie hast, die Güter dieser Welt, und wenn du die ganze Welt gewännest, bist du dann selig? Solche Seligkeit wirkt der Glaube an Christus nicht.

Wie könnet ihr glauben, die ihr Ehre von einander nehmet? Und die Ehre, die von Gott allein ist, suchet ihr nicht.

Das Himmelreich erwerben, Gottes Kinder werden, Gott schauen, das ewige Leben haben, das heißt selig sein.

Die Freude am Guten und Wahren, die Vollbefriedigung deines Herzens, welche du bei der fortschreitenden Erkenntniß Gottes empfindest; die Seelenwonne, wenn du die Allgegenwart des Heiligen, Unendlichen spürst, das ist die Seligkeit, welche aus dem Glauben an Christus wie die Frucht aus dem Saamenkorn sich entwickelt.

Die Seligkeit wächst aus dem Menschenleben heraus; sie ist die Werdelust, die Schöpferfreude, welche wir empfinden, wenn wir die Welt in unserm Innern nach den ewigen Gesetzen auferbauen, welche Gott für das Unvergängliche im Menschen vorgezeichnet hat.

Diese Entwickelungsgesetze liegen in jedes Menschen Brust. Das Gesetzbuch, in welchem sie aufgezeichnet sind, ist dein Gewissen.

„Denn das ist das Testament, das ich machen will dem Hause Israel nach diesen Tagen, spricht der Herr: Ich will geben meine Gesetze in ihren Sinn, und in ihr Herz will ich sie schreiben und will ihr Gott sein, und sie sollen mein Volk sein.

Und soll nicht lehren jemand seinen Nächsten, noch jemand seinen Bruder und sagen: Erkenne den Herrn! denn sie sollen mich alle kennen von dem Kleinsten bis zu dem Größten.“ (Ebr. 8, 10. 11.)

Die Macht des Gewissens ist abgestumpft, geschwächt durch Irrthum, Sünde, Verziehung und Verwöhnung, durch die Macht der Welt.

Der Glaube an Christus macht das Gewissen wieder frei von dieser Macht des Verderbens und stärkt die Lebenskraft der Seele durch die Wahrheit: er giebt dem Menschen die Kraft zum ewigen Leben, die Macht zur fortschreitenden, naturgemäßen Entwickelung, er giebt ihm die Freiheit der Kinder Gottes wieder, indem er das Gesetz wieder lebendig macht, welches in unser Herz geschrieben ist.

Durch den Glauben reinigt Gott unser Herz. Apost. 15, 9.

Der Glaube an Christus ist eine Macht, Gottes Kinder zu werden. Joh. 1, 12.

Das Evangelium ist eine Kraft Gottes, die da selig macht alle, die daran glauben. Röm. 1, 16.

Und da er (Christus) ist vollendet, ist er geworden allen, die ihm gehorsam sind, eine Ursache zur ewigen Seligkeit. Hebr. 5, 9.

Wie? Heben wir denn das Gesetz auf durch den Glauben? das sei ferne! sondern wir richten das Gesetz auf. Röm. 3, 31.

Denke dir, es wäre deine Aufgabe, den Bau des Himmels zu erforschen, und du glaubtest, daß die Erde stille stände, die Sonne aber sich um die Erde bewegte. Welches Wirrsal von Irrthum umschwärmte bei diesem Glauben deine Seele!

Nun käme aber der rechte Himmelskundige und offenbarte dir die Wahrheit, daß die Erde sich bewegt und um die Sonne dreht, und du glaubtest an diese Wahrheit. Dann sähest du den Himmel offen. Von einer Erkenntniß zur andern würdest du fortschreiten, den Irrthum durchschauen, in welchem du befangen warst, und den Zusammenhang und die Ursachen der Erscheinungen begreifen, die dir bisher verschlossen waren.

Durch diesen Glauben würdest du deiner Aufgabe, den Bau des Himmels zu erforschen, unendlich viel näher gerückt worden sein.

Aehnlich ist es auch mit dem Glauben an Christus.

Jesus spricht Joh. 14, 6: Ich bin der Weg, und die Wahrheit und das Leben; niemand kommt zum Vater, denn durch mich.

Wenn ihr mich kennetet, so kennetet ihr auch meinen Vater. Und von nun an kennet ihr ihn und habt ihn gesehen.

Joh. 12, 44: Wer an mich glaubet, der glaubet nicht an mich, sondern an den, der mich gesandt hat.

So bedeutet denn der Glaube an Christus wesentlich den Glauben an den Gott, welchen er uns offenbart hat, an den allmächtigen, allweisen, allgütigen Gott, den Inbegriff aller Vollkommenheit, welcher die Menschen aus Liebe geschaffen, um sie selig zu machen, dessen Verhältniß zu den Menschen zu denken ist, wie das Verhältniß des Vaters zu seinem Kinde.

Wenn nun Christus ferner Joh. 17, 3 sagt: „das ist aber das ewige Leben, daß sie dich, der du allein wahrer Gott bist, und den du gesandt hast, Jesum Christum erkennen," muß nicht der Glaube an den Gott, welchen uns Christus verkündet hat, die Erkenntniß desselben in demselben Maaße fördern, in welchem der Glaube an die Bewegung der Erde um die Sonne die Erkenntniß des Sonnensystems fördert?

Der Glaube an Christus eröffnet uns aber nicht blos die Erkenntniß Gottes, des Vaters, sondern lehrt uns auch, uns selbst, des Menschen ewige Bestimmung, seinen göttlichen Beruf erkennen.

Christus war der vollendete Sohn der Menschheit. Er hat in seiner hochheiligen Persönlichkeit das Ideal des Menschen verwirklicht und uns ein Vorbild gegeben, daß wir sollen nachfolgen seinen Fußstapfen.

Christus ist der lebendige Beweis, daß der Mensch das Ideal verwirklichen kann, was er verwirklichen soll.

Das glaube einmal! aber glaube es mit der ganzen Kraft und Macht der Seele, und du wirst inne werden, daß mit diesem Glauben ein neuer Mensch in dir erwacht, daß du dich fühlst wie neu geboren. Die alte Welt deiner Freuden und Leiden zerfällt: der Glaube an den vollendeten Sohn der Menschheit ist das Morgenroth eines neuen Lebens. Es ist Gottes Reich, in welchem du erwacht bist. Freude und Leid, alles ist neu geworden. In der Frühlingswärme der göttlichen Liebe fühlst du die wachsende Seligkeit, welche sich steigert mit jeder Stufe, die du emporsteigst zu dem Throne des Königs der Menschheit.

In Christo wurde die Menschheit neu geboren; er ist der geistige

Vater einer neuen Welt. Durch den Glauben an ihn werden wir Bürger dieser neuen, geistigen Schöpfung: wir werden seine Brüder und mit ihm Kinder Gottes.

So führt uns denn der Glaube an Christus erst auf den rechten Weg, der zum Ziele führt: er ist der heilige See, aus welchem das Wasser des Lebens fließt: er ist das Himmelslicht, vor dem die Nacht des Irrthums sich verliert. Er führt dich mitten auf die Höhe des geistig-sittlichen Lebens und öffnet dir die Pforten der Wahrheit. Mit dem Leitstern dieses Glaubens und seiner klaren Aussicht auf das Ziel deiner Wanderung, deiner geistig-sittlichen Vollendung hast du zugleich den Ursprung deiner Seligkeit erlangt.

Vermag der Glaube an Christus es nicht, deinem Leben Ziel und Richtung zu geben, dich nach seinem Worte in deiner geistig-sittlichen Entwickelung vorwärts zu führen, die Gemeinschaft deiner Seele mit Gott immer inniger und lebensvoller zu gestalten, so hilft dir auch dein Glaube nichts. Er ist dann einem wesenlosen Schatten gleich, welcher über deine Seele hinzieht. Es fehlt ihm entweder die Macht der Wahrheit, oder die Kraft der Treue.

Das Gebet.

Unser Herr Christus spricht Matth. 6, 6: Wenn du betest, so gehe in dein Kämmerlein, und schließe die Thür zu, und bete zu deinem Vater im Verborgenen; und dein Vater, der in das Verborgene siehet, wird dir's vergelten öffentlich.

Thust du das gern und oft, daß du die Einsamkeit suchst und in andächtiger Sammlung des Herzens und Gemüthes deinen Geist zu Gott erhebst und wie ein Kind mit dem Vater aller Menschen redest, so wirst du mich nicht fragen, warum wir beten sollen; denn du erfährst es täglich an deinem Herzen, welchen Segen das Gebet über deine Seele ausgießt.

Das Hersagen von Gebeten, und wenn es das „Vater unser" selbst wäre, das heißt aber noch nicht beten.

„Und wenn ihr betet, sollt ihr nicht viel plappern, wie die Heiden; denn sie meinen, sie werden erhöret, wenn sie viele Worte machen." Matth. 6, 7.

Viele Worte machst du auch, wenn du das „Vater unser" oftmals mit den Lippen wiederholst ohne daß dein Herz etwas dabei empfindet.

Du magst Gott im Gebete preisen, ihm danken oder ihn anflehen, dir diesen oder jenen Wunsch deiner Seele zu erfüllen, wie der Hauch des Windes wird das Gebet verwehen, wenn du nicht mit dem Herzen betest.

Die meisten Menschen kennen das Gebet nur als Bittgebet.

Wenn sie am Sterbebett des Vaters, der Mutter, der Gattin oder des Kindes stehen, wenn sie in irgend einer Noth des Lebens, aus der kein Mensch mehr helfen kann, sich befinden, da fangen sie zu beten an.

Solche Nothsignale werden die Hülfe nicht herbeirufen, welche wir suchen.

Das Gebet ist nicht ein Zauberspruch, durch welchen der Wille Gottes — so zu sagen — gezwungen würde, zu thun, was er ohne das Gebet nicht gethan haben würde.

Durch Bitten und Flehen läßt sich auch der allgütige Gott nicht erweichen, dir deinen Willen zu thun, wie etwa schwache Eltern durch die Bitten ihrer Kinder sich bestimmen lassen, widerwillig zu geben, was sie Anfangs versagten.

„Wir wissen nicht, was wir beten sollen, wie sich's gebühret.“ Röm. 8, 26.

„Euer Vater (im Himmel) aber weiß, was ihr bedürfet, ehe denn ihr ihn bittet.“ Matth. 6, 8.

„Und er läßt seine Sonne aufgehen über die Bösen und über die Guten und läßt regnen über Gerechte und Ungerechte.“ Matth. 5, 45.

So scheint die Sonne seiner Liebe täglich in jedes Menschen Herz, und seine Güte ist jeden Morgen neu, die Seelen der Menschen zu erquicken und zu nähren. Er thut uns alles, was uns gut ist, ehe wir ihn darum bitten. Und kein Bitten und kein Flehen kann ihn bestimmen, uns etwas zu gewähren, was unserer Seele Schaden bringen würde.

Welcher ist unter euch Menschen, — sagt der Herr Matth. 7, 7 — so ihn sein Sohn bittet um Brot, der ihm einen Stein biete? Oder so er ihn bittet um einen Fisch, der ihm eine Schlange biete? Wie viel mehr wird euer Vater im Himmel Gutes geben denen, die ihn bitten?

Wenn der Vater dem Kinde eine Bitte gewährt, obwohl er weiß, daß ihm diese Gewährung Schaden bringt, sei es um das Kind zu erfreuen, sei es um den Dank des Kindes zu erwerben, so handelt er schlecht an ihm.

Wir wissen nun nicht, ob das, was wir für Brot des Lebens halten, nicht in Wahrheit eine Speise zum Tode ist. Gott aber weiß es. Und dein Gebet sollte den allgütigen Vater im Himmel bestimmen, statt der Arznei, die du bedarfst, dir Gift zu reichen? Nimmermehr.

„So denn ihr, die ihr arg seid, könnet euern Kindern gute Gabe geben, wie viel mehr wird der Vater im Himmel den heiligen Geist geben denen, die ihn bitten.“ Luc. 11, 13.

Aber, wirst du mir einwenden, es stehet doch geschrieben: Matth. 7, 7 und Luc. 11, 9: Bittet, so wird euch gegeben; suchet, so werdet ihr finden; klopfet an, so wird euch aufgethan. Denn wer da bittet, der nimmt; und wer da suchet, der findet; und wer da anklopfet, dem wird aufgethan.

Ja: so steht geschrieben. Allein es stehet nicht geschrieben, daß dir das gegeben werden wird, was du bittest; daß du das finden wirst, was du suchst; daß dir die Thür aufgethan wird, an welche du anklopfst.

Wenn ihr eure Herzen im Gebet zu Gott erhebt, so wird er euch geben, was euch gut ist. Er wird euch Gutes geben, den heiligen Geist wird er euch geben.

Seid ihr damit nicht zufrieden? Verlangst du eigensinnig, daß er dir einen Stein, eine Schlange, einen Scorpion geben soll, weil du in deinem Unverstand darum bittest?

Wir bewundern den herrlichen Bau der Welt und preisen die Weisheit Gottes, welche das Geschaffene leitet und regieret. Das Meer der Gestirne, wie das Stäubchen, das in der Sonne spielt, das Leben und Wachsen, das Sterben und Verderben jeglichen Daseins ist geordnet nach ewigen Gesetzen, deren Harmonie und stäte ununterbrochene Wirksamkeit die Schöpfung zusammenhält.

Und wir Sonnenstäubchen der Menschheit wagen es in unserem Hochmuth von Gott zu bitten, daß er die Gesetzmäßigkeit, auf welche die Welt gegründet ist, durchbrechen, zerstören möge, um uns einen Schmerz zu ersparen, den wir fürchten, oder eine Freude zu bereiten, die wir ersehnen? Wir Christen wissen doch, daß denen, die Gott lieben, alle Dinge müssen zum Besten dienen. Wir wissen, daß die Gesetze, nach welchen die Welt der Dinge und der Menschen sich bewegt und entwickelt, gut sind, und wir wollen Gott zumuthen, daß er seine Ordnung aufhebe, um die Wünsche unseres eiteln und verkehrten Herzens zu erfüllen? In der äußeren Natur der Dinge geschieht alles nach den Gesetzen einer unerbittlichen Nothwendigkeit.

Darum betete Christus in der größten Noth seines Herzens: „Herr, wenn es möglich ist, so gehe dieser Kelch an mir vorüber. Doch nicht, wie ich will, sondern wie du willst.“

Dagegen wirst du einwenden, daß Christus selbst uns die Erhörung des Gebetes zugesagt hat. Er sagt:

a. Joh. 14, 14. Was ihr bitten werdet in meinem Namen, das will ich thun.

b. Joh. 16, 23. Wahrlich, wahrlich, ich sage euch: So ihr den Vater etwas bitten werdet in meinem Namen, so wird er es euch geben.

In Christi Namen etwas bitten, das heißt aber nicht blos im Gebet den Namen Christi nennen; nicht blos im Gebet zugleich erklären, daß die Bitte im Namen Christi ausgesprochen werden solle. Dann würde wirklich der Name Christi die Bedeutung einer Zauberformel haben.

Die Erklärung, was unter dem Gebet im Namen Christi zu verstehen ist, finden wir Joh. 15, 7, wo es heißt: „So ihr in mir bleibet und meine Worte in euch bleiben, werdet ihr bitten, was ihr wollt, und es wird euch widerfahren."

Und Joh. 14, 15. 21 und 24:

Liebet ihr mich, so haltet meine Gebote.

Wer mich liebet, der wird mein Wort halten.

Wer meine Gebote hat und hält sie, der ist es, der mich liebet.

Wer aber mich nicht liebet, der hält meine Gebote nicht.

1 Joh. 2, 6. Wer da sagt, daß er in ihm bleibet, der soll auch wandeln, gleichwie er gewandelt hat.

1 Joh. 1, 6. So wir sagen, daß wir Gemeinschaft mit ihm haben, und wandeln in Finsterniß, so lügen wir und thun nicht die Wahrheit.

Im Namen Christi bitten heißt also: bitten im Geiste und Sinne Jesu Christi; bitten und beten, wie Christus selbst in unserer Lage gebetet haben würde. In seiner Liebe, in seiner Gemeinschaft, in Uebereinstimmung mit seiner Lehre, im lebendigen Glauben an ihn bitten und beten.

Glauben wir aber an Christus, dann werden wir nie vergessen, wenn wir beten, daß sein Reich nicht von dieser Welt ist. Wir werden am ersten trachten nach dem Reiche Gottes und seiner Gerechtigkeit. Wir werden nicht Ehre suchen vor den Menschen, sondern vor Gott, und stets des ernsten Wortes Jesu Christi eingedenk sein:

Wer sein Leben erhalten will, der wird es verlieren; wer aber sein Leben verlieret um meinetwillen, der wird es erhalten.

Durch den Glauben an Christus wird unser ganzes Leben mit seinem Sehnen und Hoffen, mit seinem Lieben und Begehren, mit seinem Streben und Weben neu. Das alte Leben mit seinen Wünschen und Bedürfnissen vergeht: der Mensch wird wiedergeboren. Er säet nicht mehr auf das Fleisch, sondern auf den Geist. Dann haben alle Gebete ein Ziel und eine Richtung. Dann beten wir im Namen Jesu Christi, und unser Gebet wird erhört.

Und wenn wir unsere Wünsche in Bezug auf äußere Dinge und Ereignisse im Gebet dem Vater im Himmel vortragen, und wir wollen es thun in Christi Namen, dann dürfen wir nie vergessen hinzuzufügen: Doch nicht mein Wille, sondern dein Wille geschehe.

Bitten wir aber nicht in Christi Namen, sondern in unserem eigenen Namen, bitten wir um die Freude und Lust dieser Welt, dann gilt das Wort der Schrift Jac. 4, 3:

„Ihr bittet und krieget nicht, darum daß ihr übel bittet, nämlich dahin, daß ihr es mit euern Wollüsten verzehret."

Das ist aber unsere Freudigkeit, die wir haben zu ihm, daß, so wir etwas bitten nach seinem Willen, so höret er uns. 1 Joh. 5, 14.

Wie das Bad in frischem Wasser deinen Leib erquicket, so erquicket deine Seele sich im Gebete.

Das Gebet ist die rechte Nahrung deines Geistes.

Es ist die himmlische Sprache, in welcher du die Gemeinschaft pflegest mit deinem Gotte.

Jedes Gebet, das aus dem Herzen kommt, öffnet uns die Pforten des Himmels.

Versuche es nur, wenn du versucht wirst von der Macht der Welt, dein Gemüth betend zu Gott zu erheben, und du wirst an deinem Herzen fühlen, wie Gott dir Gutes thut und dich stärkt zum Guten.

Bist du in Anfechtung und Zweifel, ob du eine Freude, welche dir die Erde bietet, mit gutem Gewissen auch genießen kannst, so bete nur zu deinem Gotte und danke ihm. Du fühlst an deinem Herzen, ob die Freude, die du empfindest, von Gott stammt.

Ist sie verwerflich, so wirst du inne werden, daß deine Worte nicht zum Himmel dringen, daß dein Gebet keine Schwingen hat, daß dein Dank auf deiner Zunge schmilzt, wie die Schneefelder im Sonnenstrahl.

1 Tim. 9, 4. Denn alle Kreatur Gottes ist gut, und nichts verwerflich, das mit Danksagung empfangen wird.

1 Kor. 10, 30. Denn so ich es mit Danksagung genieße, was sollte ich denn verlästert werden über dem, dafür ich danke.

Hast du irgend einen Wunsch, irgend ein Verlangen, wende dich nur im Gebete zu deinem Gotte, und du wirst es an deinem Herzen spüren, ob du im Namen Jesu Christi bittest, oder nicht. Wenn du übel bittest, so wird dein Wünschen und Verlangen wie ein Schatten vor dem Lichte des Ewigen und Heiligen über deine Seele fliehen, und du wirst Frieden haben vor dem Drängen deines Herzens.

Hast du irgend einen Schmerz, oder eine Sorge, klage es nur wie ein Kind seinem Vater, klage es nur deinem Gotte im Gebete, und der Schmerz und die Sorge wird ihre Bitterkeit verlieren, du wirst getröstet werden.

Verzichtest du nun mit mir auf die unmittelbare Erhörung des an Gott gerichteten Gebetes, und bist du mit der Heiligung deines Gemüthes, mit der Reinigung deiner Seele, mit der Stärkung der sittlichen Lebenskraft zufrieden, welche nach den Gesetzen des Seelenlebens durch das Gebet deines Herzens naturgemäß in dir erzeugt, genährt und entwickelt wird, und du fragst mich, ob du auch zu Christus, zu Maria, zu den Heiligen beten darfst, so wirst du mit mir deine Frage bejahen müssen.

Der Verkehr, der Umgang mit jedem geistigen Wesen, welches höher steht, als du, welches dir ein sittliches Vorbild ist, erhebt in Andacht dich über dich selbst, und fördert das Wachsthum deiner Seele, die Entwickelung und Kräftigung deines bessern Ichs.

Darum bete, wie du's kannst, wie du's gelernt hast, zu allen Wesen, zu allen Personen, die dir hoch und heilig sind! nur verlange von dem Gebete nicht, daß der Heilige in die Gesetze der Natur und des Menschen wie ein Zauberer und Wunderthäter eingreifen und dein Bitten und Flehen erhören solle, und vergiß nicht, daß es Menschen sind, zu denen du in innigem herzlichen Gespräche deine Seele erhebst. Auf Gottes gerechten, allgütigen, heiligen Willen vermag auch das Gebet der Heiligen keinen Einfluß zu üben.

Wenn ich an dem Grabe meiner Eltern stehe, und meine Erinnerung an die Liebe und Güte, die ich im Leben von ihnen erfahren, recht lebendig in mir wird, dann wird die Erinnerung von selbst zum Gebet. Ich rede mit ihnen in andächtiger Erhebung des Gemüthes. Ich bete. Alles was ich an ihnen achte, liebe und verehre, das bekommt in meiner Seele neue Kraft und neues Leben. Das ist die Wirkung, das ist die Frucht des Gebetes, des andächtigen Hineinfühlens und Hineindenkens in ihr verklärtes Leben.

So nehmen wir im Gebete stets das Hohe und Heilige, was wir bei dieser oder jener Persönlichkeit besonders zu verehren gewohnt sind, als einen Lebenskeim unserer sittlichen Vollendung in unsere Seele auf. Wir werden mehr und mehr eins mit dem sittlichen Vorbilde, zu welchem wir uns im Gebet erheben.

Je höher, je reiner und vollendeter das Vorbild ist, desto tiefer und reicher ist auch die Wirkung des Gebetes. Darum wird das Gebet zu Christus auch gewaltiger dich ergreifen, zu ihm und dem ewigen Urquell alles Daseins dich mächtiger hinziehen, als das Gebet zu anderen dir näher stehenden heiligen und verklärten Persönlichkeiten.

Und je weiter du fortschreitest auf der Bahn der sittlichen Vervollkommnung, desto mehr wird es dich verlangen, deine Seele im Gebete dem unendlichen ewigen Gotte hinzugeben, von dem alle gute und vollkommene Gabe kommt, von dessen wandelloser Sonne alles Hohe, Heilige und Erhabene, was wir am Menschen preisen, Licht und Glanz und Wärme erhält.

Die Sacramente.

Die Kirche soll uns lehren und üben, recht zu beten, wahrhaft zu glauben, und unsere Gemeinschaft mit Gott immer reicher, lebendiger und inniger zu machen.

Dies geschieht hauptsächlich durch die Predigt, durch die Feier der kirchlichen Gedächtnißtage und durch die Theilnahme an den Sacramenten.

In der Beurtheilung des Wesens, der Ordnung und Verwaltung der Sacramente geht die kirchliche Auffassung der Katholiken und Protestanten weit auseinander.

Sacramente nennt man in der Kirche diejenigen symbolischen Handlungen, welche von Christus angeordnet sind, um in ausgezeichneter Weise den Menschen die Gnade Gottes mitzutheilen, und das Heil ihrer Seelen zu vermitteln.

Die katholische Kirche hat sieben Sacramente: die Taufe, die Firmung (Confirmation), die Buße, das Abendmahl, die letzte Oelung, die Ehe und die Ordination.

Die protestantische Kirche erkennt nur die Taufe und das Abendmahl als Sacramente an.

Alle diese feierlichen Handlungen haben für die Gläubigen eine religiöse Bedeutung, deren Werth für die sittliche Ausbildung des Menschen je nach der subjectiven Geistes- Gemüths- Lebens- und Charakter-Beschaffenheit desselben bald höher, bald niedriger anzuschlagen ist.

Keine von allen diesen kirchlichen Handlungen hat eine wunderthätige Kraft.

Sacramente in dem Sinne, daß durch sie eine übernatürliche Gnadenwirkung für das Seelenheil der Menschen vermittelt würde, giebt es nicht.

Die Sacramente des Abendmahls und der Taufe unterscheiden sich von den übrigen in der katholischen Kirche anerkannten Sacramenten nur dadurch, daß sie sich — wenn auch nicht in dem kirchlichen Sinne — auf eine Anordnung Jesu Christi zurückführen lassen, während dies bei den übrigen Sacramenten der katholischen Kirche nicht erweislich ist.

Je mehr Sacramente, desto reicher ist das kirchliche Leben der Gemeinde, desto mannichfaltiger die Mittel, durch welche das einzelne Glied an die Gemeinschaft der Kirche gefesselt wird.

Die Bedeutung, welche ich den Sacramenten beilege, wird die Betrachtung der einzelnen Sacramente noch deutlicher ergeben.

1. Das Abendmahl.

Ueber die Einsetzung des heiligen Abendmahles berichten die Evangelisten wörtlich Folgendes:

Marc. 14, 22:

Und indem sie aßen, nahm Jesus das Brot, dankte und brach es und gab es ihnen und sprach: Nehmet, esset; das ist mein Leib.

Und nahm den Kelch und dankte und gab ihnen den; und sie tranken alle daraus.

Und er sprach zu ihnen: Das ist mein Blut des neuen Testaments, das für viele vergossen wird.

Luc. 22, 19:

Und er nahm das Brot, dankte und brach es und gab es ihnen und sprach: Das ist mein Leib, der für euch gegeben wird; das thut zu meinem Gedächtniß.

Desselbigen gleichen auch den Kelch nach dem Abendmahl und sprach: Das ist der Kelch, das neue Testament in meinem Blut, das für euch vergossen wird.

Matth. 26, 26:

Da sie aber aßen, nahm Jesus das Brot, dankte und brach es und gab es den Jüngern und sprach: Nehmet, esset, das ist mein Leib.

Und er nahm den Kelch und dankte, gab ihnen den und sprach: Trinket alle daraus;

Das ist mein Blut des neuen Testaments, welches vergossen wird für viele zur Vergebung der Sünden.

Das Evangelium Johannis schweigt ganz über das heilige Abendmahl.

Was ist nun im Laufe der Geschichte aus diesem einfachen Hergang, aus dieser sinnreichen Handlung gemacht worden?

Aus dem Bericht des Marcus ist nicht einmal zu entnehmen, daß der Herr die Wiederholung der Abendmahlsfeier angeordnet hat, noch viel weniger geht daraus hervor, daß der Stifter der christlichen Kirche eine außerordentliche Gnadenwirkung mit dem Genusse desselben verbunden habe.

Auch Matthäus giebt davon keine Kunde, daß Christus die Wiederholung der Abendmahlsfeier gewollt habe.

Nur Lucas berichtet, daß der Heiland, nachdem er das Brot gebrochen und den Jüngern dargereicht hatte, von diesen die Wiederholung der Feier als einer Gedächtnißfeier verlangt hat.

Eine Verheißung aber, die Verheißung einer geheimnißvollen, göttlichen Gnadenwirkung hat Jesus dieser Gedächtnißfeier nach dem Bericht aller drei Evangelisten nicht gegeben. Hätte Jesus die Abendmahlsfeier für die christliche Kirche vorgeschrieben, so hätte das Evangelium Johannis die Einsetzungshandlung sicherlich nicht verschwiegen, und die andern drei Evangelisten würden doch wahrlich die für das Seelenheil aller Menschen so unendlich bedeutungsvolle Verheißung, welche die katholische und lutherische Kirche an das Abendmahl knüpfen, bei der Erzählung des Abendmahls mit goldenen Lettern in ihrem Bericht aufgezeichnet haben. Keine Sylbe ist in den Evangelien davon zu lesen.

Denn wenn Christus im Evangelium des Lucas zu den Jüngern sagt, daß sein Blut für sie vergossen werde, und im Evangelium des Matthäus, daß sein Blut für viele vergossen werde, so spricht er von seinem nahe bevorstehenden Tode, nicht von dem Weine, welcher bei der Feier des Abendmahls getrunken wird. Hätte Christus dem Genusse des Weines bei der Abendmahlsfeier eine Verheißung geben wollen, so würde er sich wahrlich anders und deutlicher ausgedrückt haben.

Daß Christus bei der Feier des Abendmahls im Kreise seiner Jünger dem Brechen des Brotes und dem Trinken oder Ausgießen des Kelches eine sinnbildliche Bedeutung gegeben hat, das steht außer Zweifel.

Was er mit dieser sinnbildlichen Handlung sagen wollte, das wird erst recht klar, wenn man sich vergegenwärtigt, was der Herr in der Schule zu Capernaum lehrte, als er nach dem Evangelium Johannis 6, 51 flg. wörtlich also sprach: Ich bin das lebendige Brot, vom Himmel gekommen. Wer von diesem Brote essen wird, der wird leben in Ewigkeit. Und das Brot, das ich geben werde, ist mein Fleisch, welches ich geben werde für das Leben der Welt.

Wer mein Fleisch isset und trinket mein Blut, der bleibet in mir, und ich in ihm.

Viele nun seiner Jünger, die das höreten, sprachen: Das ist eine harte Rede, wer kann sie hören?

Jesus aber sprach zu ihnen: Aergert euch das?

„Der Geist ist es, der da lebendig macht; das Fleisch ist kein nütze. Die Worte, die ich rede, die sind Geist und Leben."

In dieser Rede Jesu Christi ist der rechte Kommentar zur würdigen Feier des heiligen Abendmahls enthalten.

Der Glaube an Jesus Christus der wirkt und schafft in dem Menschen das ewige Leben.

Wer an Jesus Christus glaubt, der nimmt ihn mit seinem Glauben, Lieben und Hoffen, mit seinem Geist und Herzen, mit seinem Erkennen und Fühlen, mit seinem ganzen Wesen in sich auf.

Dieser Glaube ist die rechte geistige Nahrung der Kinder Gottes. Wer diese Nahrung in Fleisch und Blut aufnimmt, der wird ewig leben, ob er gleich stürbe.

Das Fleisch des Herrn, wörtlich genommen, wie es die Jünger wörtlich und sinnlich nahmen, ist nach den eigenen Worten desselben kein nütze.

Also ist auch das Brot und der Wein im heiligen Abendmahl, und wenn sie wirklich in Fleisch und Blut des Herrn verwandelt würden, wie die katholische Kirche glaubt, kein nütze: sondern der Geist, welcher in dem Sinnbilde sich ausspricht, ist es, der da lebendig macht: diesem Geiste und nicht dem Genusse des wahren Leibes und Blutes des Herrn gilt die heilige Feier.

In der Nährung und Stärkung unseres Glaubens an Jesum Christum, welcher die Wahrhaftigkeit seines heiligen Lebens und Strebens durch seinen Tod besiegelt hat, darin liegt die sittlich große Bedeutung des Abendmahls.

2. Die Taufe.

Christus selbst hat nicht getauft. Aber er hat nach Matth. 28, 18 seinen Jüngern befohlen, zu taufen:

Und Jesus trat zu ihnen, redete mit ihnen und sprach: Mir ist gegeben alle Gewalt im Himmel und auf Erden.

Darum gehet hin und lehret alle Völker, und taufet sie im Namen des Vaters und des Sohnes und des heiligen Geistes.

Und lehret sie halten alles, was ich euch befohlen habe. Und siehe, ich bin bei euch alle Tage bis an der Welt Ende.

Was hat Christus hiernach angeordnet? Die Apostel sollen alle Völker lehren und im Namen des Vaters, des Sohnes und des heiligen Geistes taufen.

Neu ist hiernach nur die Taufformel. Die Taufhandlung ist von Christus nicht erst eingeführt: sie bestand schon lange vor ihm: oder hat Johannes der Täufer nicht getauft?

Hiernach hat Christus nach Matthäus seinen Jüngern nur geboten, die herkömmliche Taufhandlung beizubehalten und bei der Taufe im Namen Gottes, des Vaters und des Sohnes und des heiligen Geistes zu handeln.

Eine Verheißung hat Christus der Taufe nicht gegeben. Mit keinem Worte deutet der Herr an, daß mit der von ihm angeordneten Taufe eine das Wesen des Menschen umwandelnde, geheimnißvolle Wunderkraft verbunden sein solle.

Hätte Christus der Taufhandlung eine von der herkömmlichen Taufe abweichende, sacramentale, für alle Zeit und Ewigkeit grundwesentliche Bedeutung beilegen wollen, so würde er sich darüber ausgesprochen haben. Da dies nicht geschehen, so sind wir berechtigt, die Taufhandlung mit unserem natürlichen Verstande zu beurtheilen, und uns von der Lehre der katholischen, wie lutherischen Kirche loszusagen.

Die Taufe der Kinder ist nichts weiter, als der feierliche Akt, durch welchen die Kirche das von seinen gesetzlichen Vertretern ihr angebotene Kind in ihre Gemeinschaft aufnimmt.

Hiernach hat die Taufe für das Kind selbst nur die Bedeutung, daß ihm sein Kirchenplatz in der Welt angewiesen wird, den es beibehalten oder verändern kann, wenn es in kirchlichen Fragen zu unterscheiden gelernt hat.

An der Seele des Kindes geht die Taufhandlung spurlos vorüber. Für seine Erziehung hat sie eine weit mehr rechtliche als sittliche Bedeutung.

Für diejenigen, welche an der Taufhandlung sonst theilnehmen, hat sie die Bedeutung, welche eine kirchliche Feier überhaupt hat, und wird deshalb individuell ganz verschieden auf die Gemüther einwirken.

Ich glaube aber, daß die Kirchenfeier der Bestattung eines geliebten Todten zumeist eine noch viel tiefere Einwirkung auf die Theilnehmer übt, als die Taufe eines neugeborenen Kindes.

3. Auf das Kind selbst hat erst die Firmung oder Confirmation einen sittlichen Einfluß, welcher auf rein menschliche Weise zu betrachten und zu beurtheilen ist.

Von einem Mysterium kann auch hier keine Rede sein.

4. Die Buße.

Das Sacrament der Buße ist von der katholischen Kirche eingeführt. Die Zurückführung auf eine Anordnung Christi läßt sich nicht erweisen.

Die protestantische Kirche erkennt die Buße nicht als ein Sacrament im herkömmlichen Sinne an.

Ich stimme mit der protestantischen Auffassung insoweit überein.

Da ich aber den sacramentalen Charakter, die wunderbare göttliche Gnadenverheißung auch den protestantischen Sacramenten des Abendmahls und der Taufe abspreche, so hindert mich nichts, die Buße als ein kirchliches Sacrament anzuerkennen.

Denn wenn auch nur das Abendmahl und die Taufe auf eine Anordnung Christi zurückzuführen sind, so ist doch in dieser Anordnung nicht zugleich ein Verbot für die Kirche enthalten, noch andere heilige Handlungen in den Gottesdienst einzuführen.

Wenngleich man immer geneigt sein wird, den von Christo eingesetzten Sacramenten eine höhere Dignität beizumessen, so läßt sich doch von vornherein den von der Kirche eingeführten Sacramenten der religiöse Inhalt und die sittliche Bedeutung nicht absprechen.

Die katholische Kirche unterscheidet in dem Sacramente der Buße drei Momente, die Reue, Beichte und Genugthuung.

Was ist denn die Reue? Sie ist der Kummer des Gemüths, die Traurigkeit der Seele über das eigene Sündenverderben: eine Gemüthsstimmung, in welcher wir, von der ewigen Aufgabe unseres Lebens, von der sittlichen Reinheit und Klarheit des uns von Gott in das Herz gegebenen Vorbilds tief ergriffen, mit dem Bewußtsein der eigenen Verschuldung gewahr werden, wie wenig unser wirkliches Leben dieser Aufgabe, diesem Vorbilde entspricht: wie sehr wir von dem rechten Wege zu unserer Bestimmung abgewichen sind.

Wie die Nacht des Gewitters erfüllt die Betrübniß unser Herz mit unheimlichem Grauen, und die Blitze des Gewissens beleuchten die sündigen Schatten, welche sich über die gequälte Seele lagern. Wird dieser Zustand des Gemüthes recht vertieft und verinnerlicht, so stärkt er in dem Menschen den Abscheu vor der Sünde. Ihre Reizungen und Verlockungen verlieren in der Reue ihren verderblichen Einfluß auf seinen Willen: sein besseres Selbst hebt sich empor, wendet sich zurück zu den ewig heiteren Gefilden des Himmels und verfolgt mit neuer Kraft den Weg, der zum Leben einführt.

Wie du beten kannst in deiner Kammer, so kannst du auch in der Einsamkeit die Reue in deiner tiefsten Seele empfinden.

Aber eine sinnreich gewählte und geordnete kirchliche Feier erleichtert dir die Arbeit der Seele, und fördert den Erfolg.

Die Kirche lehrt dich den Gegensatz zwischen dem, was du bist und dem, was du sein sollst, klarer erfassen, tiefer empfinden; sie stärkt den Abscheu vor dem Bösen und kräftigt die Liebe zum Guten. Nur sofern und insoweit die Kirche dies vermag, hat die kirchliche Handlung für dich eine sittliche Bedeutung.

Die Beichte ist das Bekenntniß der verkehrten Lebensrichtung im Allgemeinen, oder der einzelnen sündigen Handlungen. Sie kann vor Gott geschehen aller Orten, im Hause und in der Kirche, oder wo sonst sich das Herz zu ihm gezogen fühlt: sie kann auch geschehen vor den Menschen, vor dem Vater, der Mutter, dem Bruder, dem Freunde, vor dem Seelsorger, vor dem Pfarrer und der Gemeinde.

Die Beichte stärkt die Reue in ihrer Absagung von der Sünde. Es geschieht dies auf ganz natürliche, rein menschliche Weise. Ihre Wirkung ist wie bei allen kirchlichen Handlungen individuell ganz verschieden je nach Charakter, Gemüthsverfassung, sittlicher Bildung des Beichtenden.

In der Beichte bekommt die Sache erst den rechten Namen: das Wort giebt ihr Gestalt. Durch das Wort tritt die Sünde aus dem Nebelhaften unbestimmter Gefühle heraus, und giebt sich der Seele in ihrer Leibhaftigkeit zu erkennen. Nun erst kann der Seelenkampf mit Erfolg beginnen.

Hast du in einsamer Nacht im Angesicht der zahllosen Augen des Himmels, oder auf stillem Kirchhof an dem Grabe deines Vaters, deiner Mutter, deine Sünden aus reuigem Herzen bekannt, so hast du deinem besseren Selbst eine Burg in deinem Herzen gebaut, welche die Sünde nicht so leicht wieder zerstört.

Das ausgesprochene Wort wirkt kräftiger, als wenn es still wie ein Schatten über deine Seele hinschwebt.

Wo du, und vor wem du beichten willst, das ist deine Sache. Prüfe selbst, in welcher Form und Art sie deine Seele am meisten reinigt, und darnach handle. Willst du deine Sünden vor dem Priester bekennen, wie vor dem Freunde deiner Seele und du kannst es thun mit offenem, aufrichtigem Herzen, nun so magst du es thun. Es wird aber wohl blos Kindern und ganz kindlichen Gemüthern möglich sein. Die Kirche kann es nicht von dir verlangen: es genügt, wenn du es vor Gott thust.

Aber die Reue und Beichte machen noch nicht den Begriff der Buße aus. Die Buße verlangt noch ein Opfer, die freiwillige Uebernahme eines Uebels. Das Herz, welches die Sünde tief empfindet, verlangt nach einem Leiden, nach einer Ausgleichung der sündigen Lust.

Es läßt sich wohl nicht leugnen, daß in dieser freiwilligen Uebernahme eines Uebels, in dieser Selbstbestrafung ein Mittel zur eigenen sittlichen Erziehung, ein Besserungsmittel enthalten ist.

Das Bußübel wirkt erhaltend auf die Reue, mindert die Lust zur Sünde, die ich büße, und stärkt den Willen zum Guten.

Die Buße hilft dir, das Böse, die Sünde zu überwinden, dich wieder frei zu machen aus den Banden der sittlichen Knechtschaft.

Nur in dieser sittlichen Hülfe liegt der Werth der Buße. Leistet dir die Buße diese Hülfe nicht, so hat sie keinen Werth für dich.

Wie die Sünde wesentlich eine Versündigung des Menschen an seiner eigenen bessern Natur ist, so bringst du auch das Sühnopfer in der Buße nur dir selbst.

Gott bedarf des Opfers nicht, um den reuigen Sünder wieder in seine Gemeinschaft aufzunehmen. Seine ewige Vatergüte hat die Arme stets für dich offen, wenn du auch mit leeren Händen, wie der verlorene Sohn, zu ihm zurückkehrst.

Wenn die katholische Kirche dir Bußübungen, dir Sühnopfer auferlegt zur Genugthuung Gottes, zu deiner Rechtfertigung vor Gott, und um dieser Leiden, um dieser Opfer willen dich losspricht von deinen Sünden, so führt sie dich in die Versuchung, dir deinen Gott als mit menschlichen Leidenschaften behaftet vorzustellen, das Mittel mit dem Zwecke zu verwechseln, durch äußere Werke den Richterspruch deines Gewissens zu bestechen, und das Streben nach sittlicher Vervollkommnung durch äußeres Thun zu ersticken.

Ich will nicht leugnen, daß in Zeiten und in Kreisen der menschlichen Gesellschaft, welche die Kirchenzucht ertragen können, auch die von der Kirche auferlegten Bußhandlungen und Bußübungen immer noch die Bedeutung eines Zucht- und Erziehungsmittels haben können. Die Möglichkeit des Segens wird aber durch die Wahrscheinlichkeit des Mißbrauchs überwogen. Die Frage nach der Berechtigung der Kirchenbußen ist eine Frage der Politik der Kirche. In unserer Zeit haben die von der Kirche auferlegten Bußen den Boden verloren.

Das Sacrament der Buße als eine Aufforderung der Kirche an ihre Glieder, ihre Sünden zu erkennen, zu bereuen, zu beichten, und zu büßen durch selbst auferlegte Opfer hat auch jetzt noch seine sittliche Bedeutung und läßt sich recht gut in geeigneter Form mit in den Gottesdienst aufnehmen.

Die Buße ist eine Wiederholung der Taufe, eine sich je nach dem sittlichen Bedürfniß immer und immer wiederholende Reinigung der Seele, eine Wiedergeburt und Erneuerung des innern Menschen.

5. Die letzte Oelung.

Die biblischen Stellen, an welche das Sacrament der letzten Oelung angeknüpft wird, sind folgende:

Marc. 6, 13:

Und trieben (die Jünger) viele Teufel aus, und salbeten viele Siechen mit Oel und machten sie gesund.

Marc. 16, 17 flg.:

Die Zeichen aber, die da folgen werden denen, die da glauben, sind die: In meinem Namen werden sie Teufel austreiben, mit neuen Zungen reden,

Schlangen vertreiben; und so sie etwas Tödtliches trinken, wird es ihnen nicht schaden; auf die Kranken werden sie die Hände legen, so wird es besser mit ihnen werden.

Jac. 5, 14 flg.:

Ist jemand krank, der rufe zu sich die Aeltesten von der Gemeine, und lasse sie über sich beten und salben mit Oel in dem Namen des Herrn.

Und das Gebet des Glaubens wird dem Kranken helfen, und der Herr wird ihn aufrichten; und so er hat Sünden gethan, werden sie ihm vergeben sein.

Von einer Einsetzung der letzten Oelung durch Christus ist hier überall keine Rede.

Jacobus deutet mit keiner Sylbe an, daß Christus die letzte Oelung angeordnet habe: noch weniger ist aus den mitgetheilten Bibelstellen zu erweisen, daß Christus eine übernatürliche Gnadenwirkung der letzten Oelung verheißen habe. Wäre dies der Fall gewesen, so hätten die Evangelisten und übrigen Apostel doch sicher das für die Kirche so hochwichtige Ereigniß nicht verschweigen dürfen.

Das Oel ist ein in der apostolischen Zeit und im ganzen Alterthum übliches Heilmittel.

Durch das Gebet bekommt das Heilmittel noch eine religiöse Weihe, durch welche das Gemüth des Kranken aufgerichtet, gestärkt und in seiner Sündenschuld getröstet wird.

Die katholische Kirche hat aus der letzten Oelung im Laufe der Jahrhunderte ein Sterbesacrament gemacht. Das Concilium zu Trient hat decretirt, daß Christus dieses Sacrament selbst eingesetzt habe. Aber durch dieses Decret wird die unerwiesene Thatsache nicht ersetzt.

Dennoch hat das Sterbesacrament seine sittliche Bedeutung. Für den Sterbenden selbst ist es die Taufe zum Leben in einer neuen Welt. Es ist das letzte kirchliche Gebet um das Geleite des Herrn. Diese Bedeutung hat die letzte Oelung für den Sterbenden selbst aber nur so lange, als er noch beten kann, als er in seiner Seele die heilige Nähe Gottes und die Macht seiner Gemeinschaft noch empfinden kann.

Für die Angehörigen des Sterbenden behält die letzte Oelung die sittliche Bedeutung einer kirchlichen Feier, auch wenn der Kranke schon nicht mehr weiß, was um ihn vorgeht, und es kann eine solche Feier unter Umständen auf die Theilnehmenden eine noch tiefere Wirkung haben, als der von der protestantischen Kirche über den Todten ausgesprochene Segen.

So lange der Sterbende noch im Stande ist, das heilige Abendmahl würdig zu genießen, so lange wird man dem Genuß des heiligen Abendmahls wahrlich dieselbe Bedeutung für das Seelenheil des Kranken beimessen dürfen. Die Bewußtseinsfähigkeit desselben kann zweifelhaft sein, und dann dürfte es wohl keinem Bedenken unterliegen, den Angehörigen den Trost der letzten Oelung sei es in der katholischen oder einer andern Form zu gewähren. Man überlasse es also dem Sterbenden oder seinen Angehörigen, unter den feierlichen Handlungen die rechte zu wählen.

Aber mit dem Glauben an einen allgütigen und allliebenden Vater stimmt die Vorstellung nicht überein, daß er das Heil der Seele eines Menschen abhängig machen sollte von dem Zufall. Denn als Zufall ist es doch sicher anzusehen, ob der Kranke in einer Lebenslage stirbt, in welcher es möglich ist, einen Priester zu rufen, daß er an ihm das Sacrament der letzten Oelung vollziehe.

6. Die Ehe.

Nach dem Beschlusse des Conciliums zu Trient ist die Ehe von Christus zum Sacrament erhoben und mit der Verheißung göttlicher Gnade ausgerüstet worden.

Den biblischen Beweis für diesen Lehrsatz sucht man in den Worten Christi bei Matthäus Cap. 19, 6: „So sind sie nun nicht zwei, sondern ein Fleisch. Was nun Gott zusammengefüget hat, das soll der Mensch nicht scheiden:“ — und beruft sich außerdem auf den Segen, welchen Christus bei der Hochzeit zu Kana auf die erste christliche Ehe legte.

Wer in diesen Bibelstellen findet, was er zur Begründung der katholischen Lehre sucht, mit dem ist nicht zu streiten.

Die neueren Theologen der katholischen Kirche berufen sich deshalb mit dem Concilium zu Trient auf die einstimmige Tradition der Kirche.

Was von diesem Beweise zu halten ist, habe ich an einem andern Orte ausgeführt.

Hätte Christus aber der kirchlichen Ehe wirklich den Charakter und die Verheißung gegeben, welche die katholische Kirche ihr beilegt, so würde es eine schwer zu verantwortende Unterlassung sein, daß die Apostel uns nichts davon berichtet haben. Hält man aber die Ehe für ein Sacrament im katholischen Sinne, so muß man jedermann, um seines Seelenheils willen, ermahnen, sich der der Ehe verheißenen Gnade durch Verheirathung theilhaftig zu machen. Damit lassen sich aber die Worte des Paulus nicht zusammenreimen:

1 Kor. 7, 8. 38:

Ich sage zwar den Ledigen und Wittwen: Es ist ihnen gut, wenn sie auch bleiben, wie ich.

Endlich, welcher verheirathet, der thut wohl, welcher aber nicht verheirathet, der thut besser.

Paulus sagt 1 Kor. 7, 25 selbst, indem er darüber spricht, ob es gut sei, zu heirathen, daß er von den Jungfrauen kein Gebot des Herrn habe.

Wäre die Ehe ein von Christus eingesetztes Sacrament, müßte dann nicht das Verbot der katholischen Kirche, daß die Geistlichen nicht heirathen sollen, als eine Verachtung und Geringschätzung der von Christus in dem Sacramente der Ehe dargebotenen göttlichen Gnade erscheinen, zumal wenn man sich an die Ermahnung des Paulus in dem 1. Briefe an den Timotheus 3, 2 erinnert: Es soll aber ein Bischof unsträflich sein, seines Weibes Mann.

Aus dem sacramentalen Charakter der Ehe folgert die katholische Kirche die Unauflöslichkeit derselben. Aus dem Wesen des Sacraments allein läßt sich diese Folgerung jedoch nicht ableiten.

Die durch die Sacramente der Buße, des Abendmahls und der letzten Oelung ertheilte göttliche Gnade kann doch durch des Menschen Schuld wieder verloren gehen, sonst bedürfte es der auch in der katholischen Kirche so häufigen Wiederholungen nicht. Oder soll die Wiederholung nur das Völligerwerden der göttlichen Gnade vermitteln? Von diesem Gesichtspunkte aus würde sich auch die Wiederholung des Sacraments der Ehe zwischen denselben Personen rechtfertigen lassen.

Ist es aber möglich, die göttliche Gnade durch das Sacrament mehr oder weniger vollkommen mitzutheilen, so muß es auch möglich erscheinen, wenn man nur den Begriff des „Weniger“ steigert, daß sie durch das Sacrament gar nicht mitgetheilt wird.

Und wenn die göttliche Gnade überhaupt dem Wachsthum und der Wandelung unterliegt, wenn ihre Wirkung stärker werden kann, so muß sie auf der andern Seite auch schwächer und unvollkommener werden und zuletzt ganz erlöschen können.

Ist die Unzerstörbarkeit, die Unauslöschlichkeit der göttlichen Gnade aber mit dem Begriffe des Sacraments nicht wesentlich verbunden, so ist dies auch vom Sacramente der Ehe nicht zu behaupten.

Wenn die göttliche Gnade der ehelichen Verbindung, dem Ehebunde zu Theil wird, nicht auf der einen Seite dem Manne, auf der andern Seite der Frau und jedem Ehegatten besonders, so kann diese Gnade auch nur so lange wirksam sein, als dieser bei der Eheschließung und für die göttliche Gnade vorausgesetzte Bund der Seelen noch besteht. Mit der Auflösung dieses Bundes erlischt auch die dem Bunde verheißene Gnade. Ob aber dieser Bund der Seelen noch besteht, ob die sittliche Verbindung, dieses Zustandsverhältniß zwischen Mann und Frau noch besteht, durch welche die göttliche Gnade wirkt, das ist eine nach thatsächlichen Verhältnissen zu entscheidende Frage.

Diese Entscheidung ist in Zeiten und Ländern, in welchen ein gesittetes Zusammenleben der Menschen erstrebt wird, nicht den Ehegatten selbst zu überlassen, weil niemand in seiner eigenen Sache Partei und Richter zugleich sein kann.

Zu Christi Zeit war die Entscheidung hierüber dem Ehemanne überlassen. Das Weib war schutzlos der Willkür des Mannes preisgegeben. Durch die Willkürlichkeit der Scheidung war zwar die Monogamie der Form nach, dem Scheine nach aufrecht erhalten, dem Wesen nach aber war die Polygamie mit allen ihren das gesittete Zusammenleben der Menschen gefährdenden Wirkungen vor den Gesetzen des Landes für erlaubt erklärt. Denn es ist in der That der Unterschied nicht groß, ob ich gleichzeitig mit mehreren Frauen in ehelicher Gemeinschaft lebe, oder ob ich nach einander nach meiner Willkür mit verschiedenen Frauen in geschlechtlicher Verbindung stehe. Gegen die damals bestehende Unsitte, gegen den Leichtsinn der Ehetrennung eiferte unser Herr Christus, und wollte die eigenmächtige Scheidung ohne Richterspruch dem Ehemanne nur im Falle des Ehebruchs gestatten.

Der Apostel Paulus ging schon weiter und gestattete im Falle böslicher Verlassung dem verlassenen Ehegatten die Ehe für aufgelöst zu erklären.

Die neuere Zeit gestattet auch in diesen Fällen die eigenmächtige

Trennung der Ehe nicht; sie verlangt auch bei diesen von Christus und Paulus anerkannten Ehescheidungsgründen den Richterspruch.

Hätte Christus unser richterliches Ehescheidungsverfahren vor Augen gehabt, so würde er voraussichtlich sich über die Ehescheidung anders ausgelassen haben.

Es ist deshalb eine mit dem allgemeinen Kulturzustande und der Gesittung jeder Zeit in Verbindung stehende Frage, in welchen Fällen der Seelenbund der Ehegatten dergestalt im Herzen als bereits gelöst anzusehen ist, daß die Ehe den Ehegatten mehr zum Unheil als zum Heile gereicht.

Diese nach rein menschlichen Gründen zu entscheidende Frage ist den Gerichten des Landes zu überlassen.

Der Anspruch der katholischen Kirche auf die Ehegerichtsbarkeit hat nur so lange eine gewisse Berechtigung, als die Ehe für ein Sacrament gilt. Man könnte sagen: Wird die im Ehesacramente enthaltene göttliche Gnade durch die Kirche ertheilt, so kann auch nur die Kirche urtheilen, ob sie wirksam ertheilt ist, und ob sie noch fortdauert, oder nicht.

Allein ich brauche auf die Widerlegung dieser Ansicht gar nicht weiter einzugehen, da ich die Ehe für ein Sacrament im katholischen Sinne überhaupt nicht anerkenne.

Die Ehe ist eine Lebensgemeinschaft zwischen Mann und Frau, an welcher wir eine natürliche und eine sittliche Seite zu unterscheiden haben. Je inniger die Lebensgemeinschaft auf dem sittlichen Gebiete ist, desto wirksamer ist die Gnade Gottes, welche in jedem sittlichen Verhältniß lebendig ist.

Daß die Kirche über eine Ehe Gottes Segen erfleht, wenn sie die sittliche Seite der Ehe nicht bereits für abgestorben ansieht, das ist eine heilsame kirchliche Einrichtung. Aber die sittliche Gemeinschaft der Ehegatten wird durch die kirchliche Einrichtung nicht erst begründet: wenn sie nicht vorhanden ist, kann sie durch die Kirche nicht geschaffen werden: die Kirche kann durch den Segen der feierlichen kirchlichen Handlung, durch das Traugelübde vor Gottes Altar den sittlichen Inhalt der Ehe nur stärken und zur lebendigen Entwickelung kräftigen.

Der Kirche darf nicht zugemuthet werden, eine Ehe zu segnen, wenn sie von ihrem Standpunkte aus die Ueberzeugung nicht gewinnen kann, daß die zu segnende Ehe im Himmel geschlossen ist.

Die Ehe ist aber nicht blos ein sittliches Verhältniß, sie ist zugleich ein Rechtsverhältniß, aus welchem je nach Zeit und Sitte die mannichfaltigsten Rechte und Pflichten abgeleitet werden.

Unter welchen Bedingungen es zulässig ist, eine Ehe mit rechtlichen Wirkungen zu schließen und wieder aufzulösen, und welches Verfahren und welche Formen dabei beobachtet werden sollen, das zu bestimmen, ist Sache der weltlichen Ordnung und Gesetzgebung.

Den kirchlichen Segen für den Ehebund kann das Ehepaar nachsuchen, wenn es will; die Kirche aber richtet sich bei Ertheilung und Verweigerung ihres Segens nicht nach den Gesetzen des Staates, sondern nach ihren eigenen Gesetzen. Wo nun die Anschauungen über das, was Recht und Sitte fordern, so verschieden sind, wie dies zur Zeit auf dem Gebiete der Ehegesetzgebung zwischen Staat und Kirche der Fall ist, da erscheint die Einführung der Civilehe als eine Nothwendigkeit.

7. Die Ordination.

Die Einweihung zum Priesterthume in der katholischen Kirche soll dem Geweiheten eine ganz besondere Kraft zur Verwaltung des Amtes und der Sacramente verleihen, und dem Priesterstande einen unauslöschlichen, höheren Charakter geben, durch welchen sich derselbe wesentlich und für alle Zeit vom Laienstande unterscheidet.

Die Bibelstellen, auf welche man sich beruft, um die Aufnahme der Priesterweihe unter die Sacramente zu rechtfertigen, sind: Apostelg. 6, 6 und 13, 3. 1 Tim. 4, 14.

Man braucht diese Stellen nur nachzulesen, um sich sofort zu überzeugen, daß hier überall von einer Einsetzung der Priesterweihe durch Jesus Christus und von einer durch ihn damit verbundenen besonderen Gnadenverheißung keine Rede ist.

Die Ordination ist eine feierliche kirchliche Handlung, durch welche der Geistliche für sein Amt in der Kirche verpflichtet, und sein Gewissen für treue Erfüllung seiner Amtspflichten geschärft und gestärkt werden soll.

Alle diese Auseinandersetzungen machen, wie meine Mittheilungen überhaupt, nicht den Anspruch einer Beweisführung für die Richtigkeit meiner und die Unrichtigkeit der entgegenstehenden Auffassungen.

Sie sollen nur Fingerzeige für die Laien geben, ihr eigenes Urtheil über die Sacramente zu klären und zu berichtigen. Indem ich den Sacramenten die magische und wunderbare Wirkung bestreite, nehme ich ihnen nichts von ihrer sittlichen und religiösen Bedeutung.

Ich erkenne sie als kirchliche Mittel an, durch welche dem heiligen Geiste der Eingang in unsere Seele erleichtert, seine Wirksamkeit auf unser religiöses Leben gestärkt, und unsere geistlich-sittliche Entwickelung in besonderer Weise gefördert werden kann.

Diese Einwirkung, diese Stärkung und Förderung geschieht aber in den Sacramenten auf dieselbe Weise, auf welche auch sonst der göttliche Geist seine Macht und seinen Einfluß auf die Seelen der Menschen geltend macht; auf dieselbe Weise, wie der heilige Geist in dem Gebete, in der Andacht, in dem frommen Lebenswandel in die Herzen der Menschen einzieht.

Nur ist es möglich, daß die Feierlichkeit der Handlung, die Erinnerung an die Einsetzung unseres Heilandes, die Ehrwürdigkeit Jahrhunderte langer gleichmäßiger kirchlicher Uebung, die fromme Gewöhnung von Jugend auf den Sacramenten eine dem Grade nach höhere, mächtigere Wirkung verleiht, als andere religiöse Handlungen.

Der Tod Jesu Christi.

An dem Grabe des Vaters oder der Mutter zu stehen und sich sagen zu müssen: Wie oft hast du dich im Leben versündigt an der Liebe und Treue, welche hier schläft, ohne dein reuiges Bekenntniß zu hören, und ohne daß du im Stande bist, ihnen durch kindliche Ergebung und Aufopferung die kleinste von den unendlich vielen Wohlthaten zu vergelten, welche sie dir Tag für Tag in deinem Leben erwiesen haben! Das ergreift wohl jedes Herz mit bitterem Weh.

Aehnlich ist die Stimmung, welche der Ernst der Charfreitagglocken in meiner Seele wach ruft.

Den unendlichen Segen christlicher Denk-, Anschauungs- und Lebensweise habe ich ihn nächst Gott nicht zu danken unserm Herrn Jesu Christo? Und wie habe ich ihm seine Liebe zu der sündigen Menschheit vergolten? Bei diesen Fragen wird mein Herz traurig, und die Wehmuth steigert sich, wenn ich bedenke, daß dieser reinste unschuldigste aller Menschen von seinen Zeitgenossen, wie ein Verbrecher behandelt, ans Kreuz geschlagen, und gewaltsam aus einem Wirkungskreise hinweg geführt worden ist, dessen Segnungen bewußt oder unbewußt der ganzen Christenheit noch heute des Lebens wahre Freude ausmachen.

Ich empfinde, wenn ich mirs auch nicht immer gestehe, eine Mitschuld an seinem Tode; denn ich muß mir im Bewußtsein meiner Sünde sagen: Wer weiß, ob Du zu Christi Zeit nicht auch eingestimmt haben würdest in das Kreuzige! kreuzige ihn.

Da steigert sich denn die Andacht zu dem innigen Wunsche: Wenn doch Christus wiederkehren könnte, du wolltest dich zu seinen Füßen setzen und sein Jünger werden.

Wie ganz anders sind aber die Vorstellungen, welche die Menschen im Laufe der Zeit an den Tod des Heilandes geknüpft haben!

Da hört man vielfach sagen: Christus mußte sterben, um der Gerechtigkeit Gottes, welche durch die Sünde der Menschheit verletzt war, genugzuthun.

Die Vorstellung ist von dem Begriff der Strafe des weltlichen Richters hergenommen und verletzt das heilige Wesen Gottes, des alliebenden Vaters mehr noch, als die Sünde selbst.

Wer die Gesetze des Staates, dem er angehört, verletzt, der tritt dem Staate, so zu sagen, feindlich gegenüber, empört sich gegen das Gebot des öffentlichen Gewissens, kränkt das Ehr- und Pflichtgefühl des Volkes, dem das Gesetz heilig ist. Er hat dem Staate die Treue gebrochen, welcher ihn nun dafür unter Verfolgung stellen, in die Acht erklären würde, wenn der Verbrecher seine Schuld zu sühnen nicht im Stande wäre. Die Strafe ist die Sühne für das gebrochene Staatsgesetz. Durch die Strafe wird die verletzte Majestät des Staates wieder ausgesöhnt mit dem Verbrecher; der dem Staate feindliche Wille wird von der strafenden Gerechtigkeit des Staates vernichtet, die Macht und Hoheit des Gesetzes wird in dem Bewußtsein des Verbrechers wieder hergestellt.

Mag man nun auch noch tausend Redensarten auf einander häufen, um dem Strafrecht des Staates auf den Grund zu kommen, so viel steht doch fest, daß die Strafe nur so lange Strafe ist, als sie den Schuldigen, den Verbrecher selbst trifft.

Straft der Staat den Unschuldigen, um den Schuldigen vielleicht durch das Mitgefühl mit dem Leide des ersteren zu treffen, wie dies in dem feindseligen Leben der Völker und Staaten unter einander geschieht; fügt man den Bürgen und Geiseln der Treue das Uebel zu, welches man dem eigentlich Schuldigen nicht zuzufügen vermag, so ist nicht mehr von Gerechtigkeit und strafender Vergeltung, sondern nur von Rache die Rede.

Der Gott der Christen aber, der heilige, allgütige Vater, der die reuigen Sünder wieder in sein Reich aufnimmt, wie der Vater im Evangelium den verlorenen Sohn, der kennt die Rache nicht.

Glaubst du wirklich, daß der Gott der Liebe in dem Tode des reinsten, unschuldigsten, heiligsten seiner Menschenkinder eine Genugthuung für die Versündigung empfunden habe, deren seine übrigen Menschenkinder sich schuldig gemacht haben?

Das hieße ihm das Gefühl einer blinden Leidenschaft beimessen. — Der Sünde will ich mich nicht schuldig machen.

Auch mit der Vorstellung kommen wir keinen Schritt weiter, daß Christus durch seinen Tod die Strafe, welche die Menschheit durch ihre Sünde verwirkt hatte, freiwillig auf sich genommen habe, um der Gerechtigkeit Gottes genugzuthun. Eine Stellvertretung giebt es bei der Strafe überhaupt nicht.

Es würde schon in der Menschenwelt als eine sittliche Unnatur angesehen werden, wollte man eine Stellvertretung für den Schuldigen annehmen, und ganz unverträglich ist diese Vorstellung mit dem heiligen Wesen Gottes.

In jedem Falle konnte Christus doch nur insoweit die Strafe für die Sündenschuld der Menschen auf sich nehmen, als sie zur Zeit seines Todes bereits verwirkt war. Für die Menschen, welche damals noch gar nicht in der Welt waren, also auch einer Sünde und einer Strafe sich noch gar nicht schuldig gemacht haben konnten, für die Nachwelt, für uns konnte doch Christus keine Strafe auf sich nehmen.

Dies scheint auch der Gedanke der katholischen Kirche zu sein, wenn sie in der Messe immer und immer wieder unsern Herrn Christus für die Sünden der lebenden und der verstorbenen Menschen in den Tod gehen läßt.

Wem es aber möglich ist, von Gott zu denken, daß er um des Todes Jesu Christi willen, also doch um des guten Werkes eines Menschen willen, den Menschen auch die zukünftigen Sünden vergeben, die Strafe für künftige Sünden erlassen konnte, der urtheilt folgerichtig, wenn er annimmt, daß Gott auch jetzt noch um eines guten Werkes z. B. eines Gebetes, einer wohlthätigen Stiftung willen, den Menschen im voraus ihre künftigen Sünden vergeben könne.

Ein solcher Glaube tödtet nicht nur alles sittliche Streben, sondern verführt sogar zur Sünde.

Fragen wir Christus selbst, warum er in den Tod gegangen ist?

Er selbst hielt es wenigstens vorübergehend nicht für unmöglich, dem Kreuzestode sich zu entziehen.

Er betete Matth. 26, 39 zu Gott:

Mein Vater, ist es möglich, so gehe dieser Kelch von mir; doch nicht, wie ich will, sondern, wie du willst:

und Joh. 12, 27:

Jetzt ist meine Seele betrübt. Und was soll ich sagen? Vater hilf mir aus dieser Stunde; doch darum bin ich in diese Stunde gekommen.

Er wußte wohl, daß Gott seines Todes zur Versöhnung mit den Menschen nicht bedurfte.

Als Christus zu seinen Jüngern von seinem bevorstehenden Tode sprach, sagte er Joh. 16, 5:

Nun aber gehe ich hin zu dem, der mich gesandt hat, und niemand unter euch fraget mich: Wo gehest du hin? Sondern dieweil ich solches zu euch geredet habe, ist euer Herz voll Traurens geworden.

Aber ich sage euch die Wahrheit: Es ist euch gut, daß ich hingehe. Denn so ich nicht hingehe, so kommt der Tröster, der Geist der Wahrheit, nicht zu euch. So ich aber hingehe, will ich ihn zu euch senden. —

Und an einer andern Stelle, wo er auch von seinem Tode spricht, sagt er Joh. 12, 24:

Wahrlich, wahrlich, ich sage euch: Es sei denn, daß (wenn nicht) das Weizenkorn in die Erde falle und ersterbe, so bleibt es allein; wo es aber erstirbt, so bringet es viele Früchte.

Wo ist da auch nur eine Andeutung auf Sühne, Strafe, Rache für die Sünden der Menschen.

Christus erkannte, daß sein Tod nach dem natürlichen Laufe der geschichtlichen Entwickelung viele Früchte bringen, der Aufgang eines neuen, reichen Lebens für die Menschen werden würde. Er wußte, daß die Kraft des heiligen Geistes erst alsdann Seele und Gemüth seiner Jünger erfüllen würde, wenn er von ihnen gegangen und sie die Hoffnung auf das irdische Messiasreich ganz aufgegeben haben würden; wenn sie aus seinen Schülern zu Lehrern, aus seinen Kindern zu selbstständigen Männern werden würden.

So hat denn der Tod Christi eine wesentlich geschichtliche Bedeutung in seiner Ursache, wie in seinen Folgen.

Hätte Christus auf seinen messianischen Beruf verzichten wollen, und in seiner heiligen Selbstgenügsamkeit sich abgeschlossen von der Welt; wäre ihm dies möglich gewesen und hätte er es gethan, er würde des gewaltsamen Todes am Kreuze nicht gestorben sein.

Christus wollte aber, und er erkannte es als seinen Beruf, als seine von Gott ihm auferlegte Pflicht, der sündigen, elenden Menschheit die Segnungen seiner Lehre und seines Lebens, welche wie ein unendliches Echo aus dem Himmel von Jahrhundert zu Jahrhundert fort und fort durch die Seelen der Menschen klingen, er wollte der leidenden Menschheit das Evangelium, die Kraft selig zu werden, nicht vorenthalten.

Wäre das Sündenverderben zu Christi Zeit nicht so allgemein gewesen, wie es in der Wirklichkeit der Fall war, so würde er in seiner göttlichen Mission erkannt, und als der König des Geistes verehrt, aber nicht ans Kreuz geschlagen worden sein. So ist denn allerdings die Sünde der Welt die geschichtliche Ursache seines Todes.

Der Tod Jesu Christi allein, herausgerissen aus der geschichtlichen Entwickelung, ohne sein Lehren, Leben, Wirken und Schaffen, der würde doch wahrhaftig den Menschen den Eingang in das Reich Gottes nicht eröffnet haben.

Der Tod Jesu Christi nur in seiner Verbindung mit seinem Lehren und Leben, als der Schlußstein des Tempels, den er neu erbaut, hat der Welt die Segnungen des Christenthums, und der geschichtlichen Entwickelung den neuen, göttlichen Impuls gebracht, welcher die Menschheit verjüngte, und für die Weltgeschichte die Quelle des ewigen Leben eröffnete.

Diese unversiegliche Quelle neuen göttlichen Lebens, welche in dem Grabe Jesu Christi ihren Ursprung hat, ist der heilige Geist.

Das ist Christi eigene Lehre über die Bedeutung seines Todes. Daran sollten wir uns halten, und den Gedanken in seiner Höhe und Tiefe ausdenken.

Konnte Christus für seine Lehre, daß sein Reich nicht von dieser Welt sei, für die Wahrhaftigkeit seiner Ueberzeugung, für die Zuversicht seines Wissens und Glaubens, für die Uneigennützigkeit seines Lehrens und Wirkens einen sprechenderen Beweis geben, als das Zeugniß seines Todes?

Wie leicht wird es uns allen durch seinen Tod zu glauben, daß er wahrhaftig der Weg zum Reiche Gottes, die Wahrheit und das Leben war.

So ist denn der Tod Jesu nicht ein Rechtstitel, auf den wir uns der Gerechtigkeit Gottes gegenüber berufen, und sagen dürften: Er hat unsere Schuld bezahlt, nun haben wir wieder einen Anspruch auf die Gnade Gottes, auf das ewige Leben. Nein! er war das Siegel der Bestätigung für die Wahrhaftigkeit seiner Lehre, er war der Schlußstein des neuen Tempels, welchen er der Menschheit aufgebaut hat.

Der Gottesdienst.

Aufgabe der Kirche ist es, unser Leben zu einem fortgesetzten Gottesdienste zu machen. In der Schule muß die Kirche den Religionsunterricht ertheilen, oder wenigstens beaufsichtigen und leiten, um die jungen Gemüther vorzubereiten für das Verständniß der Religion und für das Leben in christlicher Gemeinschaft mit Gott und den Menschen.

So lange die Kinder in die Schule gehen, sollte das Gotteshaus ihnen verschlossen und nur dann geöffnet sein, wenn die Familie, der sie angehören, ein wichtiges Ereigniß des Lebens in der Kirche feiert. Die Religionsübung in der Schule kann ohne Nachtheil darauf beschränkt bleiben, daß das Kind mit dem Herzen zu beten lernt. Der Zwang der Kinder zum Besuch der Kirche stumpft den geheimnißvollen Zug des menschlichen Gemüths zur kirchlichen Gemeinschaft schon in der Frühe ab, schwächt in der zarten Seele das Verlangen nach dem Gotteshause, den Eindruck des Heiligen, Ewigen und Unendlichen noch ehe ihnen das Verständniß desselben aufgeht, und befördert so die Gleichgültigkeit gegen das religiöse Leben überhaupt.

Der Konfirmationsunterricht schließt den Religionsunterricht in der Schule ab; bis zur Konfirmation hat das Kind das Heimathsrecht in der kirchlichen Gemeinschaft, in welcher es getauft ist: das Bürgerrecht und mit demselben die Befugniß, an dem Gottesdienste theilzunehmen, sollte das Kind erst durch die Konfirmation erlangen.

Der Gottesdienst in der Kirche besteht in Andachtsübung, in der Lehre und in der Theilnahme an den Sacramenten.

In der Ordnung des Gottesdienstes darf die größte Mannichfaltigkeit herrschen.

Vor Allem kommt es darauf an, in der Kirche das Gemüth der Menschen zur Andacht, zur Gebetsstimmung zu erheben. Hierbei darf das Ortsherkommen, die Gewöhnung von Jugend auf niemals außer Acht gelassen werden.

Durch ernsten Gesang, durch ernste Musik wird das Herz am leichtesten für die Andacht vorbereitet und empfänglich gemacht für das Leben in Gott.

Auch der Ort und die Umgebung muß dazu beitragen, das Gemüth des Menschen über das Alltägliche hinweg in einen höheren Lebenskreis zu tragen.

Hier öffnet sich der Kunst, dieser rechten Tochter des Himmels, eine unerschöpfliche Aufgabe.

Die Baukunst, die Malerei und die Musik mögen hier in heiligem Wetteifer darnach streben, das Gotteshaus zu einer himmlischen Wohnstätte des Schönen und Erhabenen zu verklären.

So lange die Kunst ihre Gegenstände so wählt, daß sie nicht zerstreut, sondern sammelt, sollte ihr Dienst der Kirche stets willkommen sein.

Daß die Macht der Kunst, ihre Gewalt über das Gemüth auch nachtheilig wirken kann, wenn die Kirche auf verkehrtem Wege ist, das läßt sich ja nicht leugnen. Das ist aber kein Grund, der Kirche die mächtige Bundesgenossenschaft der Kunst überhaupt zu versagen.

Sorgen wir nur dafür, daß die kirchliche Gemeinschaft so organisirt wird, daß die Wahrheit im Kampfe mit dem Irrthum, welcher sie im Leben wie der Schatten überall begleitet, stets siegreich fortschreitet, so wird sie sich an der Kunst stets eine treue Gehülfin, eine unversiegliche Quelle der Macht und des Einflusses erhalten.

In dem Gottesdienste muß denn das Bewußtsein der kirchlichen Gemeinschaft, die gemeinsame Ueberzeugung von der religiösen Wahrheit, das Bekenntniß der Kirche den rechten Ausdruck finden, damit der örtlichen Gemeinde der Zusammenhang mit der sittlichen Gemeinschaft des Ganzen nicht verloren geht.

In dem lebendigen Gefühl und Bewußtsein dieser Gemeinschaft gründet sich die Macht des heiligen Geistes, die Kraft der stetig fortschreitenden Erkenntniß des ewigen Gottes.

Die Predigt führt, leitet und unterrichtet uns, wie wir wachsen und zunehmen in dieser Erkenntniß: sie stärkt und befestigt uns in dem Glauben der kirchlichen Gemeinschaft, und lehrt uns, die Welt zu überwinden und Gottes Kinder zu werden.

In den sinnbildlichen heiligen Handlungen (Sacramenten) tritt die Kirche unmittelbar zu dem Einzelnen heran, um ihn in das Allerheiligste einzuführen.

Sie segnet alle bedeutenden Ereignisse in Freude und Leid des Einzelnen: den Eintritt ins Leben, in die Kirche, in die Ehe, in das Amt und giebt dem Sterbenden das Geleite: sie stärkt den Bußfertigen, welcher sich an sie wendet, in der Reue und in dem Vorsatze der Besserung: sie hält ihre Arme offen zu allen Zeiten, um in der Erinnerungsfeier an das Leiden und Sterben unseres Heilandes uns in allen Lagen des Lebens mit himmlischem Geiste zu weihen. In den Sacramenten hebt uns die Kirche auf die Höhenpunkte des geistigen Lebens, von welchen das Licht des Himmels noch lange in unsere Seele hineinscheint, nachdem wir in die Alltäglichkeit zurückgekehrt sind.

Der Gottesdienst in der Kirche erschöpft aber die Aufgabe der christlichen Gemeinschaft nicht.

Hier pflegt nur die Seele, der innere Mensch, die Gemeinschaft mit Gott und seinem heiligen Geiste.

Die Aufgabe der christlichen Gemeinschaft ist es, unser ganzes Leben zu einem Gottesdienste zu machen.

„Ein reiner und unbefleckter Gottesdienst vor Gott dem Vater ist der: die Waisen und Wittwen in ihrer Trübsal besuchen und sich von der Welt unbefleckt erhalten.“ Jac. 1, 27.

Du sollst dich von der Welt unbefleckt erhalten. Aber nicht, indem du vor der Welt fliehest, sondern indem du sie überwindest. **Die Welt,** die Lebensgemeinschaft der Menschen ist nicht für dich; du bist für die Gemeinschaft da. Die Flucht aus dem Leben in das Kloster, die Begrenzung der Welt durch die Mauern des Klosterhofs erspart dir vielleicht manchen Kampf, manche Versuchung und bereitet dir in deiner Vereinzelung manchen Lebensgenuß, den dir die Welt in gleichem Maße nicht bieten würde; aber für das öffentliche Leben, für die Gemeinschaft deiner Nebenmenschen, für das Reich Gottes bist du einem Scheintodten zu vergleichen, wenn du aus Furcht vor dem Leben in einem Kloster, dem Friedhofe der Welt, deine Wohnung aufschlägst.

Sollen wir deshalb die Klosterthüren schließen? — Das meine ich nicht. —

Trotz der dunkeln Schatten, welche auf dem Klosterleben liegen, trotz der schreienden Mißbräuche, welche in vielen Klöstern herrschen, halte ich doch eine Reform für möglich.

Schon mancher Stern ist dort aufgegangen, welcher jetzt noch am Himmel des christlichen Lebens steht.

Die großen religiösen Genien bereiten sich in der Wüste, in der Einöde des Lebens auf ihre Laufbahn vor.

Wie manche geistige Kraft verkümmert im Leben, weil die Güter dieser Welt ungleich vertheilt sind, und die Sorge für des Leibes Nahrung und Nothdurft ihr den Schwung der Seele, die Jugend des Geistes, die Freiheit des Strebens raubt. Den in Armuth geborenen aber geistesmächtigen Männern könnte das Kloster eine sichere Stätte gewähren, auf welcher sie frei von der Ungunst des Schicksals für den rechten Gottesdienst im Leben sich auszubilden vermöchten. Der Frieden des Klosters würde ihnen die zu jeder bedeutenden Arbeit erforderliche Zeit, Sammlung und Ruhe schaffen.

Das Kloster könnte ferner auch ein Asyl sein für die vom Schmerz des Lebens schwer gedrückten und gequälten Gemüther, ein Hafen im Sturme des Lebens. Gar manches kummervolle Herz würde hier in dem steten, vom Geräusch und der Bitterkeit der Welt ungetrübten Umgang mit Gott den Frieden seiner Seele wieder finden, um dann gestärkt an Geist und Leib mit frischer Kraft wieder zu seinem Tagewerke zurückzukehren.

Das Kloster könnte für Arme Schulen und Erziehungsanstalten errichten und den Schwachen und Kranken eine Zufluchtsstätte öffnen.

Vergessen wir nur nicht, daß das Klosterleben an sich dem Menschen gar kein Verdienst giebt. Nur als Mittel für höhere Zwecke hat es seine Bedeutung.

Die Rückkehr aus dem Kloster in das Leben müßte ganz frei sein.

Die Möglichkeit des Mißbrauchs schließt den rechten Gebrauch nicht aus.

Um den Mißbrauch möglichst zu verhüten, bedarf es nicht einer Auflösung, sondern nur einer tiefgehenden Reform der Klöster.

Werden sie aufgehoben und zieht der Staat ihre Güter ein, so werden der Kirche die Mittel genommen, einen reinen unbefleckten Gottesdienst im Leben zu üben, die Wittwen und Waisen in ihrer Trübsal zu besuchen.

Es giebt in der Menschenwelt so mannichfaches Elend, so viele sittliche Nothstände, welche als die Nachtseite der menschlichen Gemeinschaft anzusehen sind und auf dem Boden unnatürlicher socialer und politischer Verhältnisse wie das Unkraut wuchern.

Solchen Mißständen muß die Kirche Abhülfe zu verschaffen suchen.

Arme, verwaiste, verwahrloste Kinder muß sie pflegen und erziehen helfen.

Sie sollte für Arme Fortbildungsanstalten, Handwerksschulen, Lehrlingsunterstützungen, Herbergen einrichten.

Altersschwache und Gebrechliche muß sie versorgen, Kranke warten und heilen.

Unendlich ist das Feld christlicher Liebesthätigkeit.

Dieses Feld muß die Kirche bebauen: was sie hier säet, das wird für das Reich Gottes die schönsten Früchte tragen.

Die Kirche wendet jetzt ihre Fürsorge hauptsächlich für das Seelenheil der Individuen auf. Wenn es besser in der Welt werden soll, dann muß sie den verkehrten Zuständen entgegen arbeiten.

Der Privatwohlthätigkeit bleibt immer noch genug zu thun übrig, ehe sie bei der Grenze angekommen ist, welche Johannes der Täufer Luc. 3, 11 der Mildthätigkeit gesetzt hat.

Niemand kann sich seiner Wohlthaten rühmen, wenn er immer noch Güter genug behält, um alle Bedürfnisse des Lebens reichlich zu befriedigen. Erst wenn du anfängst, dir eine Freude, einen Genuß, einen Wunsch zu versagen, um desto reichlicher geben zu können, erst dann kannst du sprechen, daß du wohlthätig bist.

Das menschliche Elend mag auftreten, wie und wo es will; überall und wo möglich in jedem Orte sollte die Kirche Einrichtungen treffen und Anstalten gründen, welche dasselbe bekämpfen helfen.

Dieser Kampf ist der rechte Dienst im Reiche Gottes.

Die Kirche.

Mit dem Worte „Kirche" sind wir gewohnt, die verschiedensten Begriffe zu verbinden.

Man versteht darunter das Gotteshaus eines bestimmten Ortes, und spricht von der Kirche in dem oder jenem Dorfe und von den Kirchen in der Stadt.

Dann bezeichnet das Wort „Kirche" den Gottesdienst, welcher in dem Gotteshause oder außerhalb desselben gefeiert wird. „Ist die Kirche schon aus?" — wird gefragt, und man hört darauf die Antwort; „Nein; heute dauert die Kirche lange." Man spricht von „Kirche halten."

Ferner nennt man Kirche die örtliche, sich zu einer Religionsgesellschaft haltende Gemeinde, die Kirchgemeinde.

Endlich aber stehen die einzelnen Kirchengemeinden in einem größeren, bald mehr, bald weniger geordneten Verbande, welchen wir ebenfalls Kirche nennen und in diesem Sinne verschiedene christliche Kirchen, die katholische, protestantische, griechische Kirche u. s. w. haben.

Will man einen solchen kirchlichen über eine größere Anzahl von Localkirchen sich ausdehnenden Verband eine allgemeine Kirche nennen, so würden wir eine ziemlich bedeutende Anzahl solcher allgemeiner Kirchen haben, und dabei mit dem gewöhnlichen Sprachgebrauch offenbar in Widerspruch gerathen.

Eine einzige allgemeine Kirche im räumlichen Sinne des Wortes giebt es in Wirklichkeit nicht.

Weder die katholische, noch die protestantische, noch irgend eine andere Kirche ist gegenwärtig die allgemeine.

Fast alle erheben aber den Anspruch, die allgemeine Kirche, die Kirche der ganzen Christenheit und zuletzt wohl auch der ganzen Menschheit zu werden.

Glaubt eine Kirche, daß ihr der Schatz der ewigen Wahrheit anvertraut sei, und daß sie nicht auf dem, wenngleich außergewöhnlichen, doch immerhin natürlichen Wege menschlicher Entwickelung, sondern durch unmittelbare göttliche Offenbarung in den Besitz derselben gekommen sei, so wird sie mit Nothwendigkeit auch zu dem Glauben an ihre ewige Bestimmung und ihre schließliche Alleinherrschaft geführt. Alle menschliche Entwickelung dieser vermeintlich absoluten Wahrheit wird ihr als eine Entheiligung der Wahrheit, als eine Versündigung gegen Gott erscheinen.

Nimmt man nun noch den Ausspruch Christi hinzu: „Es soll eine Heerde und ein Hirte werden;“ so kann man sich nicht wundern, daß solche Kirchen es als ihren Beruf ansehn, zur allgemeinen Kirche zu werden.

Zwischen Beruf und Erfüllung des Berufs ist aber überall im Leben eine gar ansehnliche Kluft.

In der Wirklichkeit giebt es keine allgemeine Kirche.

Ebensowenig als es eine allgemeine Kirche giebt, ebenso wenig giebt es eine unsichtbare.

Mit gleichem Rechte würde man behaupten können: es giebt einen unsichtbaren Staat, eine unsichtbare Familie, einen unsichtbaren Menschen.

Was damit gesagt werden soll, das läßt sich erklärlich machen; aber man muß dabei ganz absehen von dem Begriffe, welchen der gewöhnliche Sprachgebrauch mit dem Worte „Kirche“ verbindet.

Gewöhnlich versteht man unter Kirche eine geordnete, organisirte Religionsgemeinschaft.

Hält man diesen Begriff fest, dann giebt es nur eine sichtbare, keine unsichtbare Kirche.

Will man einmal von einer unsichtbaren Kirche reden, so kann man darunter nur das Reich Gottes verstehen, welches nicht mit äußerlichen Geberden kommt; von dem man auch nicht sagen kann: Siehe hier oder da ist es, weil es inwendig in uns ist. Luc. 17, 20.

Versteht man nun aber unter Kirche das Reich Gottes, dann giebt es keine sichtbare Kirche.

Ich bleibe bei dem gewöhnlichen Sprachgebrauch: wenn ich von Kirche spreche, dann meine ich die sichtbare Kirche.

Die Kirche ist eine sittliche Gemeinschaft der Menschen, wie der Staat. Staat und Kirche sind die beiden Pole der menschlichen Entwickelung.

Die Kirche will das Reich Gottes in die menschliche Gemeinschaft, und der Staat will das Menschenleben in das Reich Gottes einführen.

Beide Gemeinschaften müssen ihre Verfassung haben. Hier wie dort ist diejenige Verfassung die beste, welche dem Bedürfniß der Gemeinschaft nach geistiger und sittlicher Entwickelung am meisten entspricht.

Die Verfassungen der Staaten, wie der Kirchen sind menschliche Ordnungen, geschichtliche Erscheinungen.

In Allem was Geschichte heißt, da wirken zwei Kräfte zusammen. Zeit und Ewigkeit, Mensch und Gott.

In Staat und Kirche soll das Zeitliche und Menschliche zum Ewigen und Göttlichen sich fortentwickeln.

Mannichfaltig sind die Gaben der Menschen, und mannichfaltig sind die Anlagen der Völker. Unendlich verschieden sind die Wege, die zum Himmel führen.

Jede individuelle Anlage und jede individuelle Begabung giebt der Entwickelung des Zeitlichen zum Ewigen, des Menschlichen zum Göttlichen eine besondere Richtung, eine eigenthümliche Kraft, einen in seiner Ursprünglichkeit unerschöpflichen Antrieb.

Diese eigenthümliche Entwickelungskraft steigert sich, potenzirt sich in der Verbindung, in der Gemeinschaft des Gleichartigen.

Wird diese Gemeinschaft nun organisirt, so wird sie zu einer Macht, welche das Individuum, das einzelne Glied der Gemeinschaft hält und trägt, und zuletzt das Ganze leitet und regiert.

Je größer die Gleichartigkeit der Herzen und Seelen, die wirkliche Gemeinschaft ist, desto größer und unwiderstehlicher wird ihre Macht und Hoheit.

Deshalb erfüllen nur große Staaten, und große Kirchen ihre weltgeschichtliche Bedeutung.

So berechtigt nun an sich deshalb das Streben der Staaten und Kirchen nach Einheit und Größe ist, so hat doch diese Berechtigung ihre Grenze.

Die Verbindung des Ungleichartigen, die Vereinigung widerstrebender Elemente stärkt die Entwickelungskraft des Ganzen nicht, sondern lähmt und schwächt sie.

Die Völkerindividuen nähern sich zwar im Laufe der Zeiten einander immer mehr und mehr, je weiter sie sich zu dem Ziele hin fortentwickeln, welches zuletzt für die ganze Menschheit ein und dasselbe ist.

Vorläufig bestehen aber zwischen den verschiedenen Nationen noch so tiefgehende, bis auf den Grund des Herzens und der Seele zurückführende Unterschiede der individuellen Anlagen und Begabungen, der Gemüthsstimmungen und Lebensgewohnheiten, der Bildung und des Charakters, daß nur solche Staats- und nur solche Kirchengemeinschaften eine lebenskräftige, naturwüchsige Entwickelung verheißen, welche im Großen und Ganzen ihr Machtgebiet nach den Nationalitäten scheiden.

National-Staaten und National-Kirchen! das sind die Forderungen der Gegenwart.

Der katholischen Kirche in ihrer gegenwärtigen Gestalt und Einrichtung widerstreitet die National-Kirche, weil sie für den Stuhl Petri keinen Raum hat. Seitdem der Glaube der katholischen Kirche sich mit dem Geiste des Protestantismus nicht mehr vertragen konnte, seitdem ist der Papst für die katholische Kirche eine Nothwendigkeit geworden.

Die Kirche, welche im Alleinbesitz der Wahrheit, der absoluten Wahrheit, des allein selig machenden Glaubens zu sein wähnt, welche für sich allein die Vermittelung zwischen Gott und den Menschen in Anspruch nimmt, die muß einen unfehlbaren, obersten Richter haben, weil sonst die Wahrheit, die sie predigt, in den verschiedenen Herzen und Köpfen der Menschen alsbald eine verschiedene Gestalt annehmen, die Einheit des katholischen Glaubens sich sofort auf ganz naturgemäßem Wege in eine je nach den verschiedenen Völkerindividuen mannichfach verschiedene Auffassung und Erkenntniß der Wahrheit auflösen würde.

Giebt es verschiedene Bischöfe, welche mit gleichem Rechte oder Unrechte Satzungen für den selig machenden Glauben aufstellen dürfen, so werden sehr bald auch verschiedene Kirchengemeinschaften, verschiedene Kirchen entstehen.

Die gegenwärtige katholische Kirche kann neben sich keine andere Kirche als berechtigt anerkennen, weil sie sich selbst untreu werden, sich selbst auflösen würde.

Eine Entwickelung in der Erkenntniß Gottes, ein Fortschreiten auf dem Wege zur ewigen Wahrheit ist in der katholischen Kirche undenkbar, wenn der Papst nicht dieser Entwickelung und diesem Fortschritt vorangeht.

Dieser Fortschritt und diese Entwickelung ist für katholische Herzen und Gewissen ganz unnöthig: denn soviel wir von der ewigen Wahrheit zum Heil unserer Seele zu wissen brauchen, das ist ihrer Kirche durch schriftliche und mündliche Ueberlieferung offenbart. Dabei beruhigt sich die Masse der katholischen Bevölkerung. Da sie von der Geschichte der Kirche nicht allzuviel erfahren haben, so wissen sie wenig davon, daß es in der katholischen Kirche einmal anders war: daß es eine Zeit gab, wo die Bischöfe sich dem Papste nicht unterordneten; daß, wie es schlechte Fürsten gegeben, es auch schlechte Päpste gegeben hat; daß mehrere Päpste gleichzeitig regiert haben, und daß im Laufe der Zeit die Päpste gar nicht selten in der Feststellung des Kirchenglaubens mit einander in Widerspruch gestanden haben.

Viele wissen das alles, und wissen auch, daß es in der Kirche entsetzlich menschlich hergegangen ist; aber die Macht der Gewohnheit ist zu groß: das Selbstdenken und Selbsturtheilen ist zu schwer und es ist gar zu bequem, vor dem Throne Gottes einen andern für sich sprechen zu lassen.

Dazu kommt, daß die katholische Kirche Jahrhunderte hindurch eine Macht und Hoheit besessen hat, welcher selbst Könige und Kaiser sich beugen mußten: daß sie noch heute durch ihre einheitliche, geschlossene Verfassung, durch den Reichthum, der ihr hier und da noch verblieben, durch den Glanz ihres Gottesdienstes, durch die Sicherheit und Unwandelbarkeit ihres Glaubens, durch den Heiligenschein ihrer Priester, durch ihr Hineingreifen in alle staatlichen und menschlichen Verhältnisse, in die Schule und das Haus, durch ihre unendlichen Ansprüche überhaupt, durch den Glanz geistbegabter Männer und felsenfester Charaktere eine Gewalt über die Gemüther übt, welche bei den Menschen, in denen das Gemüthsleben vorherrscht, alle Kräfte der menschlichen Entwickelung in Fesseln legt.

Die katholische Kirche ist eine Kirche; aber sie kann nicht zur Nationalkirche werden, weil sie die Universalkirche sein und bleiben will und bleiben muß, so lange sie ihren Kirchenglauben nicht ändert.

Anders steht es mit der protestantischen Kirche.

Eine einheitlich organisirte protestantische Kirche giebt es eigentlich gar nicht.

Der katholischen Kirche fehlt die Seele und der protestantischen Kirche fehlt der Leib.

Der katholische Kirchenglaube generalisirt zu sehr, der protestantische individualisirt zuviel. Der Protestantismus ist ein Princip, ein geistiges Princip, das Princip der fortschreitenden Entwickelung, der religiösen Lebensförderung.

Er gestattet, wenn er seiner ursprünglichen Idee treu bleibt, jedem Individuum, sich selbst sein Gotteshaus zu bauen, und in demselben den Altar zu bedienen.

Deßhalb widerstrebt es auch dem Protestantismus nicht, so viele Kirchen zu organisiren, als es grundverschiedene Nationen giebt.

Die protestantischen Kirchen glauben nicht, im Alleinbesitz der absoluten Wahrheit zu sein, sonden sie wollen wachsen in der Erkenntniß Gottes, und wissen, daß diese Erkenntniß auf verschiedenen Wegen möglich ist. Hält man eine Fortentwickelung der Erkenntniß Gottes für möglich und giebt man zu, daß die Kirche der Gegenwart im Laufe der Geschichte der ewigen Wahrheit näher und näher zu kommen im Stande ist; daß der Kirchenglaube in menschlicher Weise sich fortbilden kann, so muß man auch die Berechtigung mehrerer Kirchen neben einander zugeben, von welchen die eine recht wohl schon auf einem Standpunkte der Entwickelung angekommen sein kann, nach welchem die andre erst hinstrebt.

Der Genius jeder Nation geht in Staat und Kirche seinen eigenen Entwickelungsgang.

Der deutsche Genius verlangt nach einer deutschen Kirche.

Wie soll nun die Nationalkirche beschaffen sein?

Sie soll frei sein vom Staate, aber auch nicht hinübergreifen in das Gebiet des Staates. Sie soll womöglich die ganze Nation umfassen.

Sie muß einheitlich organisirt sein, wie die katholische Kirche, und den Geist fortschreitender Entwickelung der religiösen Wahrheit in sich lebendig erhalten, wie die protestantische. Sie soll Leib und Seele beider Kirchen in sich vereinigen.

Die Kirche ist in ihrer zeitlichen Erscheinung eine rein menschliche Anstalt. Sie soll die Gesammtgemeinschaft ihrer Angehörigen immer näher zu Gott führen, ihr Bewußtsein, ihre Erkenntniß von Gott läutern und klären und das Leben heiligen.

Der Einzelne kann in der Entwickelung des Gesammtbewußtseins der Kirche hinter dem Ganzen zurückbleiben, oder ihm voraus eilen. Die Kirche hat es zunächst mit der Gemeinschaft zu thun, mit dem Geiste und dem Leben, mit der Erkenntniß und dem Streben der Gemeinschaft.

Die Kirchengemeinschaft kann aber nur thätig und lebendig werden, ein Gesammtbewußtsein kann sich nur entwickeln, wenn die Gemeinschaft ihre geordneten Einrichtungen, ihre Organe, ihren Organismus hat.

Die lebendige Gliederung des Organismus verlangt vor Allem die Einrichtung und Ordnung der Kirchenämter. Die Inhaber dieser Aemter sind die Diener der Gemeinschaft. Ihre Individualität soll aufgehen in dem Geiste und Leben der Gemeinschaft. Je mehr dies der Fall ist, desto mehr entspricht der Beamte seinem Berufe. Geist und Leben der Gemeinschaft stellt sich dar in den Gesetzen, in den Satzungen der Gemeinschaft. Eine Gemeinschaft des Glaubens und der Erkenntniß kann sich nur darstellen in den Gesetzen des Glaubens und der Erkenntniß.

Diesen Gesetzen der Gemeinschaft muß sich die Individualität des Beamten unterordnen: das ist seine heilige Pflicht. Seine persönliche, subjective Ueberzeugung mag er in seinem Privatleben, in seinem individuellen Verhältniß zu Gott haben und behalten, wie er's vermag; in seinem öffentlichen Leben, in seiner Amtsthätigkeit hat er lediglich nach den Gesetzen der Gemeinschaft zu lehren und zu handeln.

Die Kirchenbeamten stehen als Beamte zur Kirche in ganz demselben Verhältniß, wie die Staatsbeamten zum Staate. Die Staatsbeamten mögen über die Verfassung des Staates, und über seine Gesetze denken, wie sie wollen; sie mögen noch so sehr überzeugt sein, daß die Verfassung schlecht ist, daß dieses oder jenes Gesetz schlecht ist, — in ihrer Amtsthätigkeit sind sie verpflichtet, nicht nach ihrer subjectiven Ueberzeugung von dem, was Recht und Unrecht ist, sondern lediglich nach den Gesetzen des Staates zu handeln, dem sie dienen. Ganz dasselbe gilt auch von den Kirchenbeamten. Die Gesetze der Gemeinschaft müssen im Amte seine einzige Richtschnur sein.

Wer dies nicht will, oder kann, muß das Amt aufgeben. Gewissens- Denk- und Glaubens-Freiheit hat der Einzelne als Einzelner. Die Gemeinschaft hat aber auch ihre Gewissens- Denk- und Glaubens-Freiheit und dieser Freiheit der Gemeinschaft darf die Freiheit des Einzelnen keinen Zwang anthun.

In der katholischen Kirche erscheint das Gesetz der Gemeinschaft verkörpert in dem Papste, deßhalb wird von ihr der Kirchenbeamte, der Priester unter den unbedingten Gehorsam des Papstes gestellt.

Wäre der Papst wirklich unfehlbar, wie die katholische Kirche annimmt, so wäre diese Unterordnung des Priesters ganz folgerecht.

Die protestantische Kirche bestreitet diese Unfehlbarkeit des Papstes und seiner Kirche. Sie ist überzeugt, daß der Geist Gottes in allen Menschen lebendig ist; daß jeder Einzelne zu ihm in einem unmittelbaren Verhältniß steht, und daß Gott in jedem Menschen durch sein Gewissen sich offenbart. Aber der Protestantismus, indem er die Gewissensfreiheit des Individuums proclamirt, und sie auch dem Beamten in seiner kirchenamtlichen Stellung vindicirt, kommt nicht zur Bildung einer geordneten Kirchengemeinschaft, kommt auf diesem Wege nicht zu einer Kirche.

Es giebt in der protestantischen Kirche eine Richtung, welche die auflösende und zersetzende Macht des Individualismus bekämpft, und für die Gemeinschaft ein Glaubensgesetz aufrichten will. Aber sie thut das, indem sie sich von dem Princip des Protestantismus lossagt, und den Geist und die Gewissensfreiheit verleugnet, welche den Begründern des Protestantismus das Recht gab, sich von der Papstkirche loszusagen. Sie thut das indem sie an die Stelle des lebendigen, unter dem gewaltigen Einflusse der Zeit stehenden Papstes einen großen Todten stellt, und seinen Glauben und die Erkenntniß seiner Zeit zur unabänderlichen Glaubensnorm für alle Protestanten machen will.

Nichts desto weniger ist das Verlangen der ultraorthodoxen, altlutherischen Richtung, für die Kirche Gesetze festzustellen, denen im Amte jedes Individuum sich unterordnen muß, vollkommen gerechtfertigt.

Die deutsche Nationalkirche muß für das Leben und die fortschreitende Entwickelung der Gemeinschaft ihre Gesetze haben. Da aber die Kirche nur eine menschliche Anstalt und Einrichtung ist, so muß ihre Verfassung, wenn sie die Gemeinschaft lebensfähig erhalten soll, auch die Möglichkeit gewähren, ihre Gesetze mit dem fortschreitenden Bewußtsein und der fortschreitenden Erkenntniß der Zeit in Einklang zu bringen.

Dazu ist vor Allem erforderlich, daß eine Einrichtung in der Kirche getroffen wird, welche es der Gemeinschaft möglich macht, ihr, der Gesammtheit, Bewußtsein von Gott und göttlichen Dingen, von dem Guten und Wahren klar zu stellen, zu erkennen zu geben und zu verkünden. Eine solche Einrichtung besteht in der regelmäßig wiederkehrenden Berufung von Kirchen-Synoden.

Die Synode ist das Mittel, die Entwickelung der Kirche lebendig und im Einklang mit der Zeit zu erhalten.

Sie muß berufen werden aus allen Gliedern der Gemeinschaft.

Ihr Ausspruch und ihr Wille muß für die Gemeinschaft und ihre Beamten so lange ein unverbrüchliches Gesetz sein, als nicht eine andere Synode wieder das Gesetz aufhebt oder abändert.

Die National-Synode macht keinen Anspruch auf Unfehlbarkeit, sie übt auch keinen Zwang auf das Gewissen des Einzelnen, der ihr angehört. Sie bildet sich nicht ein, daß außerhalb der Gemeinschaft, welche sie repräsentirt, kein Seelenheil zu erlangen sei. Die Synode kann irren, aber wenn die Synode irrt, so irrt die kirchliche Gemeinschaft selbst, und wer dieser Gemeinschaft angehört, der muß sich auch ihren Irrthum gefallen lassen; sonst ist eben von einer Gemeinschaft, von einem Bewußtsein, von einer Erkenntniß und einem Willen der Gemeinschaft keine Rede.

Ist jemand so bevorzugt, den Irrthum der Gemeinschaft erkannt zu haben, steht jemand in seiner geistigen und sittlichen Entwickelung über dem Bewußtsein und der Erkenntniß der kirchlichen Gemeinschaft, so stört ihn die kirchliche Gemeinschaft in seinem persönlichen Verhältniß zu Gott, in seinem Suchen nach der ewigen Wahrheit, in der Sehnsucht und dem Streben nach seiner Seele Seligkeit durchaus nicht: sie stößt ihn auch nicht von sich und verbietet ihm nicht, wenn er nicht etwa ein Beamter der Kirche ist, für seine Ueberzeugung durch Wort und Schrift zu wirken, und in seinem Kreise auf die Ueberzeugung der Gemeinschaft seinen Einfluß zu üben. Alle aber, welche zurückgeblieben sind in der geistigen und sittlichen Entwickelung hinter dem Gemeingeist und dem Gesammtbewußtsein der Kirche, die zieht die Gemeinschaft zu sich herauf: alle, welche mit ihr in Einverständniß stehen, stärkt und befestigt sie, und fördert so die Stätigkeit, Sicherheit und Nachhaltigkeit im Fortschreiten des Ganzen. Das Individuum, welches der Gemeinschaft nicht angehören kann oder will, läßt die Kirche gewähren. Die Kirche ist für die Gemeinschaft da und erfüllt ihren Beruf, wenn die Gemeinschaft sich fortentwickelt; mag das Individuum sehen, wenn es sich von der Gemeinschaft trennt, wie es mit sich und seinem Gewissen fertig wird.

So thut die Kirche dem Gewissen des Einzelnen keinen Zwang an: sie schließt keinem Menschen den Himmel zu: sie öffnet vielmehr das Reich Gottes für jedermann, der noch draußen steht: für alle, die auf ihrem einsamen Wege, das Heil ihrer Seele suchen, ist sie die liebende Mutter: sie denkt und sorgt für die vielen, welche nicht stark genug sind, sich ihren eigenen Weg zum Himmel zu bahnen: die Geistesmächtigen aber erquickt und stärkt sie aus der Quelle des ewigen, ursprünglichen Lebens, welche in jeder sittlichen Gemeinschaft unversieglich fließt.

Die Nationalkirche und die Synode wissen recht gut, daß die absolute Wahrheit nicht durch Majoritäten ausgemacht wird; daß das Bewußtsein und die Erkenntniß der Gemeinschaft durch die Erkenntniß und das Bewußtsein der Einzelnen fortgebildet wird: daß der Fortschritt gerade darin besteht, daß das Bewußtsein nnd die Ueberzeugung der einzelnen auf dem Wege der Wahrheit Vorangegangenen allmälig immer weiter und weiter sich verbreitend zum Bewußtsein und zur Ueberzeugung der Gemeinschaft wird.

Ob dieß aber der Fall sei, darüber muß die Gemeinschaft auf die Weise und in den Formen ganz allein entscheiden, welche die Gesetze der Gemeinschaft und ihre Verfassung vorschreiben.

Sonst giebt es eben keine Gemeinschaft.

Wie die Verfassung der National-Kirche nach meiner Ansicht beschaffen sein muß, wie die Rechte und Pflichten der kirchlichen Behörden und Beamten zu ordnen sein mögen, darüber werde ich in einigen Grundzügen in einem besonderen Abschnitte mich aussprechen.

Grundzüge der Verfassung der deutschen Nationalkirche.

Die Grundsätze, nach welchen die Badensche Verfassung die Organisation der vereinigten evangelisch-protestantischen Kirche des Großherzogthums eingerichtet hat, halte ich im Allgemeinen für richtig.

Sie geht aus von der Local-Kirchengemeinde, welche ihre Befugnisse durch die Kirchengemeindeversammlung und durch den Kirchengemeinderath ausübt.

Ueber der Localkirche steht die Diözesangemeinde und Diözesansynode, und über dieser wieder die Gesammtkirchengemeinde und die Generalsynode. Mit der Art der Zusammensetzung, mit dem Wirkungskreise dieser Körperschaften, mit der Wahl der Vertretungen, wie die Badensche Kirchenverfassung diese Verhältnisse geordnet hat, stehe ich im Ganzen in Uebereinstimmung.

Auch den Bestimmungen dieser Verfassung über die Rechte und Pflichten der Diener und Behörden der Kirche kann ich meine Anerkennung nicht versagen.

Nur in Bezug auf die Wahl der Pfarrer muß meines Erachtens den Kirchgemeinden eine größere Freiheit eingeräumt werden, als dies nach der Badenschen Verfassung der Fall ist.

Unter den bereits angestellten Pfarrern und den von der zuständigen Behörde für wahlfähig erklärten Pfarramts-Kandidaten muß die Gemeinde bei der Besetzung ihrer Kirchstellen freie Wahl haben.

Die Gemeinde kennt ihr eigenes Bedürfniß der Regel nach am besten.

Nur durch die Freiheit der Wahl wird es ermöglicht, daß die Gemeinde einen Pfarrer nach ihrem Herzen bekommt.

Sollte auch wirklich hier und da ein Fehlgriff geschehen, so wird doch durch solche Ausnahmen die Regel nicht gerechtfertigt, daß sämmtliche Kirchengemeinden bei der Wahl ihrer Pfarrer behördlich zu bevormunden seien.

Es ist dies um so weniger der Fall, als die behördliche Vormundschaft ebenso leicht, als die Gemeinde, aus Irrthum, Schwachheit oder Mißverstand fehlgreifen kann und wirklich fehlgegriffen hat.

Will man der menschlichen Schwachheit auf Seiten des Pfarrers und auf Seiten der Gemeinde Rechnung tragen, so könnte das nach der Badenschen Verfassung dem Oberkirchenrathe zustehende Recht, der Gemeinde drei von den Bewerbern zur Auswahl vorzuschlagen, dem Kirchengemeinderathe des betreffenden Orts eingeräumt werden.

Das Patronatrecht ist unvereinbar mit einer freien auf dem Gemeindeprincip ruhenden Kirchenverfassung und muß aufgehoben werden.

Ist die Lehns- und Gerichts-Herrlichkeit im Interesse der staatlichen Freiheit aufgehoben worden, so muß auch das Patronatsrecht im Interesse der kirchlichen Freiheit aufgehoben werden.

Auch das in der protestantischen Kirche herkömmliche Kirchenregiment des Landesherrn widerstreitet den Principien einer freien Kirchenverfassung.

Historisch erklärt sich das landesherrliche Kirchenregiment durch die Hülfsbedürftigkeit der protestantischen Kirche zur Zeit der Reformation, durch die Verbindung, in welcher Staat und Kirche im Mittelalter standen, und durch den Mangel an aller Organisation beim Beginn des Kampfes des Protestantismus gegen den Katholicismus.

Zu einer wunderlichen Anomalie führt das landesherrliche Kirchenregiment in der protestantischen Kirche, wenn der Fürst der katholischen oder einer anderen, als der protestantischen Kirche angehört.

Practisch unmöglich wird das landesherrliche Kirchenregiment, wenn das Gebiet der Kirche sich über die Territorien mehrerer Landesherren erstreckt.

Eine deutsche Nationalkirche mit dem herkömmlichen Kirchenregiment der Landesherren ist undenkbar.

Selbst wenn man den Landesherren das Recht nehmen wollte, die Kirchengesetze zu bestätigen, so würde doch ein einheitliches, organisches Leben in der Nationalkirche ertödtet, es würde der Keim des Zerfalls und Verderbens in sie gelegt werden, wenn man das Kirchenregiment der verschiedenen Landesherren bestehen lassen wollte.

Die Kirche muß unabhängig vom Staate sein: das ist sie aber nicht, so lange das Kirchenregiment des Staates besteht.

Auf der andern Seite muß auch der Staat von der Kirche unabhängig und berechtigt sein, seine Existenz, wenn sie von der Kirche bedroht werden sollte, zu sichern.

Verletzt die Kirche oder verletzen ihre Beamten die Staatsgesetze des Landes, so bringt der Staat seine Strafgewalt gegen sie zur Anwendung.

Um solche Mißstände möglichst zu verhüten, erscheint es nicht unangemessen, wenn dem Staate das Recht eingeräumt wird, Abgeordnete mit berathender Stimme zur Generalsynode zu entsenden.

Dieselben würden dort im Stande sein, die staatlichen Gesichtspunkte mit Nachdruck zur Geltung zu bringen, und die Kirche in Zeiten vor etwaigen Kollisionen mit dem Staate zu bewahren.

Gewährt man dem Landesherrn das Recht, kirchengesetzliche Normen in Bezug auf Lehre, Liturgie, Zucht und Verfassung zu bestätigen und folgeweise auch zu verwerfen, wie die Badensche Kirchenverfassung, so führt man den Papismus der katholischen Kirche nur in etwas veränderter Gestalt in die protestantische Kirche ein. Der Papst sagt: das sollst du thun und glauben; der Landesherr in der protestantischen Kirche sagt: das sollst du nicht thun und das sollst du nicht glauben, wenngleich die Vertretung der Kirche das Gegentheil will.

Ein Haupt muß jeder Organismus haben; auch die Kirche.

Will man einen Bischof an der Spitze der Kirche haben, so muß er von der Generalsynode gewählt werden.

Ihm würde die Vertretung der gesammten Kirchengemeinde nach außen, die Aufsicht über dieselbe nach innen und die Ausführung der Beschlüsse der Generalsynode zu übertragen sein.

Ein solcher Kirchenfürst würde freilich im Lande ein Ansehn, eine Würde, eine moralische Macht zu erwerben im Stande sein, welche den Glanz der weltlichen Krone des Landesherrn leicht überstrahlen könnte.

Die Landesherren werden sich deshalb zur Zeit wohl nicht entschließen, das Kirchenregiment aus der Hand zu geben. Das ändert jedoch an der Behauptung nichts, daß das landesherrliche Kirchenregiment in einer freien Kirchenverfassung keinen Platz findet.

Ob die protestantischen Territorialkirchen, bevor sie einheitlich organisirt sind, des Schutzes gegen die Papstkirche, welcher in dem landesherrlichen Kirchenregimente mitgegeben ist, schon jetzt entbehren können, darüber läßt sich streiten.

Die künftige deutsche Nationalkirche bedarf eines solchen Schutzes nicht.

Die größte Schwierigkeit für die Neugestaltung der deutschen Kirche bietet die Bekenntnißfrage.

Eine sittliche Gemeinschaft, eine Gemeinschaft von Menschen, welche die Verwirklichung des Guten und Wahren auf Erden erstrebt, kann gar nicht bestehen, sie kann nicht leben und sich nicht fortentwickeln, wenn sie keine gemeinsame Ueberzeugung hat von dem, was wahr und gut ist: Eine christliche Gemeinschaft bedarf für ihr organisches Zusammenleben eine gemeinschaftliche Ueberzeugung und einen gemeinschaftlichen Glauben in Bezug auf die wesentlichen Lehren und die Grundwahrheiten der christlichen Religion.

Diese Ueberzeugung und diesen Glauben spricht das Bekenntniß der Kirche aus.

Das Bekenntniß ist die Form, welche die christliche Religion in dem Bewußtsein und der Erkenntniß einer bestimmten christlichen Gemeinschaft zu einer bestimmten Zeit angenommen hat.

Mit diesem Bewußtsein und dieser Erkenntniß muß auch das Bekenntniß sich verändern und fortentwickeln.

Das Bekenntniß sammelt die Gleichgläubigen und trennt die Verschiedengläubigen.

Es muß sich das Bekenntniß daher auf die Grundwahrheiten der christlichen Religion und auf die für die sittliche Entwickelung wesentlichen Glaubenslehren beschränken, sonst scheidet es, was Gott zusammengefügt hat, anstatt es zu binden.

Das Bekenntniß darf auch Irrthum und Unwahrheit in Glauben und Lehre verwerfen, wenn dazu ein Bedürfniß für die kirchliche Gemeinschaft vorliegt.

Was aber Irrthum und Unwahrheit sei? — was zu den wesentlichen Glaubenslehren, zu den Grundwahrheiten der christlichen Religion gehört, darüber hat die kirchliche Gemeinschaft jederzeit nach den Vorschriften ihrer Verfassung die eigene und freie Entscheidung.

Schwankungen in dieser Entscheidung sind dem Bestande und der Fortentwickelung der Kirche verderblich.

Deshalb muß die Verfassung dafür sorgen, daß nur solche Sätze in das Bekenntniß aufgenommen werden können, welche wirklich schon Gemeingut des christlichen Bewußtseins und Glaubens geworden sind.

Es ist viel besser, daß die Kirche den Irrthum der Lehre und dem Leben frei giebt, als daß sie ihn, wenn auch nur vorübergehend, in ihr Bekenntniß aufnimmt.

Ein Schutzmittel, die Kirche vor einem Irrthum in ihrem Bekenntnisse zu bewahren, würde das suspensive Veto des Bischofs gegen die Beschlüsse der Generalsynode in Bezug auf Lehre und Glauben gewähren.

Ich würde jedoch eine Bestimmung in der Verfassung der Kirche vorziehen, welche die Beschlüsse der Generalsynode in Bezug auf Glauben und Lehre in das Bekenntniß aufzunehmen nur alsdann gestattet, wenn die nächste aus Neuwahlen hervorgegangene Generalsynode nach Ablauf von mindestens drei Jahren den Beschluß der früheren Generalsynode bestätigt hat.

Verlangt man dann noch zur Gültigkeit eines solchen Beschlusses eine Mehrheit von zwei Dritttheilen der stimmberechtigten Mitglieder der Generalsynode, so hat man, glaube ich, eine ausreichende Sicherheit, daß das Bekenntniß der Kirche mit dem Gemeinbewußtsein der Zeit der Regel nach im Einklang steht.

Wo das Bekenntniß nicht entscheidet, da muß die Bibel alleinige Norm und Richtschnur des Glaubens und der Lehre der Kirche sein. So lange das Bekenntniß der Kirche nicht entgegensteht, ist jede Ansicht, jede

Auffassung und jede Lehre, welche in der Bibel ihre Stütze findet, auch im öffentlichen Leben der Kirche berechtigt.

Die Bekenntnisse der verschiedenen christlichen Kirchen sind alle mehr oder weniger hinter dem Bewußtsein und der Erkenntniß unserer Zeit zurückgeblieben.

Keine Konfession darf in der Nationalkirche mit Recht den Anspruch erheben, daß die übrigen Konfessionen sich ihr zu unterwerfen hätten, und daß ihr Sonderbekenntniß auch als Bekenntniß der neuen Kirche gelten müsse.

Will man eine christliche Nationalkirche, so bleibt kein anderer Weg der Verständigung, als daß die Bibel durch die Verfassung zur alleinigen Bekenntnißschrift, zur Norm und Richtschnur für die Lehre und den Glauben der Gesammtkirche erklärt wird. Der Nationalkirche muß es alsdann überlassen bleiben, im Laufe der Zeit, so oft ein dringendes Bedürfniß der Kirche dazu hervortritt, den Inhalt ihres Glaubens und ihrer Lehre nach Vorschrift der Verfassung näher zu bestimmen, und im Einklang mit dem Gemeinbewußtsein der Zeit fortzubilden.

Schluß.

Was sollen wir nun thun, um die neue Kirche nach den Grundsätzen auf- und auszubauen, welche ich in den vorhergehenden Abschnitten erörtert habe?

Sollen wir ausscheiden aus der Kirchengemeinschaft, der wir bisher angehört haben, und gleich an den Neubau die Hand anlegen?

Ich glaube nicht, daß dies der Weg sein würde, welcher zum Ziele führt.

Wer sich ein neues Haus bauen will und in der Auswahl des Bauplatzes nicht beschränkt ist, der thut wohl, das alte Haus so lange stehen zu lassen, bis er das neue Haus unter Dach gebracht hat.

Durch die Bildung von Dissidentengemeinden laufen wir Gefahr, die bestehenden Kirchengemeinschaften aufzulösen, der Gemeinschaft die Elemente der Bewegung und des Fortschritts zu nehmen, in der Individualisirung auf der einen Seite den gemeinschaftlichen Boden zu verlieren, und das Todte und Abgestorbene auf der anderen Seite in seinem Widerstreite gegen die lebendige Entwickelung zu steifen und zu befestigen.

Unser Streben muß vielmehr dahin gehen, den kirchlichen Indifferentismus zu überwinden, das neue Leben in der Kirche vorzubereiten, bis der Geist mächtig genug ist, zu sammeln, was zerstreut ist, und dem kirchlichen Leben der Gemeinschaft eine neue Gestalt zu geben.

Zu diesem Zwecke müssen die Gleichgesinnten in allen Kirchen und an allen Orten sich suchen, in freireligiösen Vereinen sich zusammenschließen, und ihren Gottesdienst in der Gemeinschaft und im Leben halten, wie es Herz und Verstand ihnen vorschreiben.

Auf dem Grunde der Bibel muß mit dem Geiste der neuen Zeit das Bekenntniß der bestehenden Kirchen und Konfessionen einer allseitigen Prüfung unterworfen, und das Haupt der Kirche, Jesus Christus, von der Uebermacht seiner Vasallen befreit, wieder auf den Thron erhoben werden.

Auf die unterschiedlosen Massen einzuwirken, ihren Zusammenhang mit den bestehenden Kirchen aufzulösen, ihren Glauben zu zertrümmern, ehe die Gebildeten über Inhalt und Form der neuen christlichen Gemeinschaft sich in der Hauptsache wenigstens geeinigt haben, ist für das kirchliche Leben, für das Reich Gottes nicht ohne große Gefahr.

Auf dem Gebiete der Religion gilt es nicht, Gewalt mit Gewalt zu vertreiben; die Frucht des Geistes gedeihet nicht durch äußeren Zwang. Zündet man auch ein Feuer unter dem Baume an, um seine Früchte zu reifen?

Die Macht der religiösen Vereine bemißt sich nicht nach der Anzahl, sondern nach der Tüchtigkeit ihrer Mitglieder.

Suchen sie und fördern sie die Wahrheit, trachten sie nach dem Reiche Gottes wenn auch in kleinem Kreise, so werden sie wachsen, wie von dem Senfkorn im Evangelium geschrieben steht, und die Massen werden, wenn die Zeit erfüllet ist, dem neuen Geiste von selbst zufallen.

Wo die bestehenden Kirchenordnungen den Laien irgend eine Mitwirkung an dem öffentlichen Leben der Gemeinschaft gestatten, da müssen wir von den uns eingeräumten Rechten den umfänglichsten Gebrauch machen. An jeder kirchlichen Wahl müssen wir uns betheiligen und unbekümmert um den Erfolg dahin streben, daß Männer von unserem Glauben und von unserer Ueberzeugung zu den Aemtern der Kirche befördert, und in die Vertretungen der Kirchengemeinschaften gewählt werden.

Die Stimme eines einzigen Laien in dem Presbyterium oder der Synode, wenn sie nur aus dem Herzen und aus innerer freudiger Ueberzeugung kommt, wird ihren Wiederhall im Herzen des Volkes schon finden.

So wollen wir denn vorwärts gehen durch Nacht zum Licht, mit Gott für Christus und seine Kirche.

Unfrieden wird mit dem neuen Geiste in die Kirche kommen, weil die Ruhe des geistigen Todes, die falsche Sicherheit zu lange schon die Gemüther der Menschen beherrscht hat.

Ihr sollt nicht wähnen, spricht Christus, daß ich gekommen sei, Frieden zu senden auf Erden. Ich bin nicht gekommen, Frieden zu senden sondern das Schwerdt.

Auch der Frühling kündigt sich durch Stürme an.

Die Liebe zur Wahrheit, die Liebe zum Nächsten, der Glaube an eine göttliche Weltregierung werden ihre Macht schon an den Menschen erweisen, daß wir einen neuen gewissen einigen Geist erlangen, daß das deutsche Volk seinen Gott in einem Tempel wieder im Geist und in der Wahrheit und im Frieden anzubeten und zu verehren lernt.

MIX
Papier | Fördert gute Waldnutzung
FSC® C083411

Kolibri 360 GmbH
Ferdinand-Jühlke-Straße 7
99095 Erfurt, Deutschland
produktsicherheit@kolibri360.de